献礼中国共产党百年华诞

新时代国家治理现代化研究丛书

编 委 会

湖北省公益学术著作出版专项资金资助项目
新时代国家治理现代化研究丛书
丛书主编　欧阳康

◇ 国家社会科学基金重大项目“智慧社会下我国新型社会信用体系构建研究”（项目批准号:19ZDA104)成果

◇ 华中科技大学文科“双一流”建设项目“国家治理湖北省协同创新中心建设专项”基金资助成果

网络空间国际治理研究

张　毅　石　婧　王君泽◎著

華中科技大學出版社
http://press.hust.edu.cn
中国·武汉

图书在版编目(CIP)数据

网络空间国际治理研究/张毅，石婧，王君泽著. —武汉：华中科技大学出版社，2024.12

(新时代国家治理现代化研究丛书)

ISBN 978-7-5680-7937-2

Ⅰ. ①网… Ⅱ. ①张… ②石… ③王… Ⅲ. ①互联网络-治理-研究 Ⅳ. ①TP393.4

中国版本图书馆 CIP 数据核字(2022)第 015498 号

网络空间国际治理研究 张 毅 石 婧 王君泽 著

Wangluo Kongjian Guoji Zhili Yanjiu

策划编辑：周晓方 杨 玲

责任编辑：陈 孜

封面设计：原色设计

责任校对：余晓亮

责任监印：周治超

出版发行：华中科技大学出版社(中国·武汉) 电话：(027)81321913

武汉市东湖新技术开发区华工科技园 邮编：430223

录 排：华中科技大学惠友文印中心

印 刷：湖北新华印务有限公司

开 本：710mm×1000mm 1/16

印 张：12.75 插页：2

字 数：173 千字

版 次：2024 年 12 月第 1 版第 1 次印刷

定 价：99.00 元

本书若有印装质量问题，请向出版社营销中心调换

全国免费服务热线：400-6679-118 竭诚为您服务

内容提要

国际网络空间发展不平衡、规则不健全、秩序不合理等问题日益凸显，世界范围内侵犯个人隐私、侵犯知识产权、网络犯罪等现象时有发生，网络监听、网络攻击、网络恐怖主义活动等成为全球公害。本书首先基于以上所述网络空间治理存在的问题，从网络空间国际治理的背景、内涵与特征、现状、挑战出发，分析各国的治理经验，总结治理模式。其次进一步细分重要的网络空间治理领域，如网络空间的基础设施、数据、内容审查、行为等，针对每一个具体领域的治理问题进行分析。最后从总体上对治理的参与主体进行研究，并试图依据我国“推动构建网络空间命运共同体”的主张来探讨网络空间国际治理的新趋势。

总 序

新时代国家治理现代化的使命与境界[①]

习近平总书记强调，面对改革进入攻坚期和深水区、各种深层次矛盾和问题不断呈现、各类风险和挑战不断增多的新形势，必须努力提高改革开放和发展进程中的科学决策水平，推进国家治理体系和治理能力现代化。

当前，中国国家治理正面临着从传统向现代的深度转型。这种转型既是一个渐进的过程，需要延续与传承，又是一个跃迁的过程，需要变革与创新。通过国家治理的理论创新和实践创新，有可能更好地发挥传统治理优势，创造新型治理优势，把两个优势内在地结合起来，为中国国家治理注入新的内容与活力，提升新时代新形势下的治国理政能力，也有可能为人类对更加理想的社会制度的探索提供中国方案。

一、强化使命意识，确立国家治理现代化的战略定位

自党的十八届三中全会首次提出推进国家治理体系和治理能力现代化以来，中国共产党和中国政府的治国理政提升到了全新思想境界和高度实践自觉。习近平新时代中国特色社会主义思想包含

---

① 此序为作者主持的2014年度教育部哲学社会科学研究重大课题攻关项目“推进国家治理体系和治理能力现代化若干重大问题研究”（教社科司函〔2014〕177号）的成果之一，国家社会科学基金十八大以来党中央治国理政新理念新思想新战略研究专项工程项目“十八大以来党中央治国理政新理念新思想新战略的哲学基础研究”（项目批准号：16ZZD046）的成果之一，教育部社会科学司2018年“研究阐释党的十九大精神专项任务”的成果之一。

着治国理政的丰富内容，尤其是党的十九大报告、二十大报告，全面总结中国共产党治国理政的历史经验，将中国国家治理体系和治理能力现代化与中华民族伟大复兴的战略目标内在地结合起来，把全面建设社会主义现代化国家的新征程分为两个具体的阶段，把国家治理现代化既作为社会主义现代化的必要制度保障条件，又作为其实现程度的重要表征。

第一个阶段，从2020年到2035年，在全面建成小康社会的基础上，再奋斗十五年，基本实现社会主义现代化。在这个阶段，除了经济实力、科技实力、社会文明程度、人民生活状态、生态文明状态等指标外，从国家治理的角度看，那就是“人民平等参与、平等发展权利得到充分保障，法治国家、法治政府、法治社会基本建成，各方面制度更加完善，国家治理体系和治理能力现代化基本实现，现代社会治理格局基本形成，社会充满活力又和谐有序”。

第二个阶段，从2035年到本世纪中叶，在基本实现现代化的基础上，再奋斗十五年，把我国建成富强民主文明和谐美丽的社会主义现代化强国。到那时，我国物质文明、政治文明、精神文明、社会文明、生态文明将全面提升，实现国家治理体系和治理能力现代化，成为综合国力和国际影响力领先的国家，全体人民共同富裕基本实现，我国人民将享有更加幸福安康的生活，中华民族将以更加昂扬的姿态屹立于世界民族之林。

由上可以看出，国家治理现代化与中国特色社会主义现代化强国的三重关系：国家治理现代化是中国特色社会主义现代化强国的必要制度体系和能力保障；国家治理现代化是中国特色社会主义现代化强国的重要内容和组成部分；国家治理现代化是中国特色社会主义现代化强国的突出标志和重要表征。

二、强化历史意识，深入总结中国国家治理的历史智慧

历史是现实的镜子，历史研究是学术研究的基础，也是实践创

新的前提。中华民族五千多年的发展历史，留下了历代先哲贤人“修身齐家治国平天下”的丰富历史经验和思想智慧，给予我们重要的启示与借鉴。深入研究古往今来中国国家治理从理念、制度、政策到行为等的发展历程，可以更好地总结历史经验，反省重大失误，探究深层原因，明晰历史教训，掌握客观规律，确立决策参照，提升决策智慧。例如：如何在传统之道与现代之势之间更好地保持张力？社会发展的延续性和传承性决定了历史演变规律会深刻地延续并影响到今天，这要求我们尊重前人、历史和经验；但是社会发展的不可逆性又决定了今天不可能是昨天和前天的简单延续，一定会有新的变革与需求，这又要求我们会通古今，勇于探索、超越与创新，自觉地从中国社会发展历史经验和教训中学习，从而不仅有可能使当代中国的国家治理体系和治理能力现代化获得更加丰富的中国经验和中国内涵，也有可能获得更加坚实的历史基础，丰富理论内容，更新理论形态。

三、强化创新意识，更好地发挥中国政治制度治理优势

提升国家治理能力首先必须研究如何更好地发挥中国的政治制度和政治治理优势。1949 年以来，我国形成了马克思主义指导、中国共产党领导、社会主义道路、人民民主专政的国家治理体系，并在实践中不断加强和完善。这是我国政治制度的最大优势，已经成为我国国家治理的最基本传统和最重要格局，是我国国家治理的安身立命之所，必须在新时代得到自觉和有效的坚持。

随着时代的发展和中国的进步，我国国家治理体系也需要获得最大发展和创新，以保障和展示中国道路的特殊优越性。为此至少应努力实现四大升华。第一，马克思主义要进一步由外来思想真正内化和升华为中国思想，与中国优秀传统文化内在融合，直面并回答当代中国最重大的理论和实践问题，造就中国化的马克思主

义新形态，在中国化、时代化的进程中真正融入中国社会，融入中国民众的精神家园。第二，中国共产党要由领导角色进一步落实和升华为服务角色，善于团结和汇聚中国各种政治力量，通过科学决策、政治引领和组织保障，强化协商民主，善于支持和激励人大、政协、政府、企业和各种社会组织等多元主体共同治理中国社会，发挥党员个体的先锋模范作用。第三，社会主义道路要由传统模式进一步拓展和升华为中国模式，既能坚持社会主义核心价值体系，践行人类文明进步的基本原则，又能探索中国道路，强化中国特色，激发社会活力。第四，人民民主专政要由国家主导进一步拓展和升华为人民主导，坚持依法治国，落实以人为本，切实保障人民主体地位。以上四个方面的变革与创新应当相互影响，良性共振，极大地激发中国国家治理的传统优势，在中国国家治理中发挥更大作用。

四、强化批判意识，透析当前中国社会的价值多元化状态

国家治理既要适应当前中国社会的价值多元化状态，又要引领中国社会的价值合理化进程，为此要求哲学社会科学研究发挥应有的批判功能。要准确盘点当前中国社会存在的各种社会思潮、各种利益诉求、各种价值取向、各种实践行为等，并对其作出合理性评估，张扬其合理内涵，批判其不合理方面，为人们作出恰当的价值选择提供指导。

当代社会迅速转型，进入价值多元化状态，难免泥沙俱下、鱼龙混杂、良莠俱存。应当看到，当代中国社会的多元价值并非都是健康的和合理的，为此必须对那些不健康、不合理的价值观进行批判和斗争，对健康、合理的价值观予以保护和张扬，对多元价值进行有机和有序整合，在此基础上构建能够保障各种正当利益和合理价值诉求的社会利益分配机制和价值实现机制，引领多元价值的健

康发展方向。例如：要研究当前中国各种价值之“元”之间有无共同基础，探讨国家认同的共同前提在哪里，如何进一步增强；要研究不同的价值之“元”的基点之间的差异，探讨应否、能否和如何通过一个有机的整体体系整合不同的“元”；要研究中国国家治理的本底基础(底线)和高端目标在哪里，探讨当前中国国家治理体系需要多大的覆盖面、多深的包容度及复杂性，为中国国家治理现代化提供理论保障和对策依据。

正是在这个科学批判的过程中，马克思主义也将更好地展示自己的革命性和批判性，增强其说服力和解释力，在提高全民族的思想自觉和理论自信方面发挥更大作用，实现自身的价值。从社会认识论的角度来看，哲学社会科学在本质上就是人的理性自我认识，且研究哲学社会科学应当为人民“代视”与“代言”。这两个功能规定要求我们自觉深入人民群众的生产、生活实践之中，聚焦当代人类、中华民族和个体在生存发展中面临的重大问题，从人类文明进步和中国人民生存发展中汲取营养和活力，既敢于为人民“鼓与呼”，发时代之先声、扬人民之精粹、树社会之正义，又善于用科学理论武装和感染人民，彰显中国特色，提升人生境界，引领发展方向。

五、强化整合意识，提升中国国家治理能力的有效性

第一，加强顶层设计与荟萃全民智慧。中国国家治理总体上看需要更好地发挥中央和各级组织在战略设计和宏观布局方面的引领作用，以便更好地体现中央意图、政府主导、民族大义、全局利益，同时又要善于立足大众，尊重个体，关照民心，动员全体，把从上至下与从下至上内在地结合起来。

第二，在法治之刚与德治之柔之间保持张力。社会生活的多层次性和人性的复杂性要求国家治理体系与治理方式的多方面和多层次性。依法治国和以德治国的有机结合既是客观需要，又是治

国智慧。一方面，要努力通过刚性的法律与法治为社会大众划定行为底线与边界；另一方面，要通过柔性的美德提升人们的思想境界与价值追求。

第三，自觉应用现代科技和网络体系参与国家治理。信息化正在极为深刻地改变着人们的生产、生活与交往方式，信息化也是新时代对国家治理的要求。应努力学习应用现代治理模式与治理技术等，为中国国家治理注入新理念、新技术、新动力。

综上所述，我们只有通过最大限度的创新与创造，把传统优势与创新优势充分发挥出来，才有可能既超越自我又超越西方，不仅为中华民族伟大复兴提供制度和治理保障，也能为全球治理提供中国方案和中国智慧。

“新时代国家治理现代化研究丛书”策划的宗旨是贯彻党的十八届三中全会、十九大、十九届四中全会、二十大关于坚持和完善中国特色社会主义制度，推进国家治理体系和治理能力现代化的精神，以“新时代国家治理现代化”为主题，从理论、方法、实践等多维视角对推进国家治理现代化进行探讨。本丛书作者团队以华中科技大学国家治理研究院研究员为主，邀请武汉大学、湖北省社会科学院等相关领域的知名专家共同组成。

欧阳康著的《国家治理现代化理论与实践研究》，从国家治理的价值范畴、演进逻辑、比较优势等理论层面，以及基层治理、政治治理、全球治理、绿色发展和生态治理等实践难题入手，发力国家治理的理论创新和实践创新，为人类对更加理想的社会制度探索——全球治理提供中国方案和中国智慧。虞崇胜著的《国家治理现代化的制度逻辑》，紧紧围绕坚持和完善中国特色社会主义制度这个主题，深入探讨制度建设在国家治理现代化中的重要地位和作用，着重研究不同制度要素之间的逻辑关系，探寻中国特色社会主义制度发展规律，以期为新时代国家治理现代化特别是制度现代化提供理论支撑和实践路径。杨述明著的《智能社会建构逻辑》，集中选取智能社会演进过程中社会建设与社会治理的关键领域，敏感地触及社会智能化的新变化，从智能社会视角尽可能地揭示其演进规律，系统厘清智能社会演进逻辑与建构逻辑，有助于人类更理性、更全面地认识社会、国家各项机制运转，进而更加积极从容地应对新的社会形态图景下的社会生活实践。杜志章著的《中国国家治理现代化综合评估体系研究》，旨在立足中国特色社会主义的现实，广泛借鉴国内外治理评估的理论成果与实践经验，充分结合中国的历史传统和现实国情，坚持普遍性与特殊性相结合，探索既体现人类共同的"善治"追求，又反映中国特色社会主义核心价值体系，具有显著的时代性、民族性和实践导向性的国家治理理论和国家治理评估体系。张毅等著的《网络空间国际治理研究》，从网络空间国际治理的概述出发，分析各国的治理经验，总结治理模式，并对网络空间的基础设施、数据、内容审查、行为等领域的问题进行分析，试图依据我国"推动构建网络空间命运共同体"的主张来探讨网络空间国际治理的新趋势。吴畏著的《当代西方治理理论研究》，跨学科、广角度、全景式地论述西方治理理论的历史、概念、逻辑和最新成果，为建构"国家制度和治理体系"的中国话语体系和理论形态提供理论借鉴，为推进新时代国家治理体系和治理能力现代化提供他山之石。叶学平著的《中国经济高质量发展理论与实践研究》，对高质量发展的主要内容、指标体系、衡量标准、统计体系和考核评价体系进行了全面系统的研究和构建，从理论与实践角度对新时代中国经济高质量发展面临的挑战和需要处理的几大关系也进行了分析，并提出了新时代中国经济高质量发展的实现路径和政策建议。赵泽林、欧阳康著的《中国绿色发展理论与实践研究》，旨在开展绿色发展精准治理的政策研究，通过权威部门公开发布的统计数据，利用具有自主知识产权的绿色发展大数据分析平台，客观呈现我国大部分省(自治区、直辖市)绿色 GDP(国内生产总值)、人均绿色 GDP、绿色发展绩效指数的年度变化情况，并对其未来发展提出了合理可行的对策性建议。杨华祥著的《中国传统治理经验及其现代转换研究》，在深入梳理中国古代治理思想主要内容及其发展历程和分析中国历史上兴衰治乱的深层原因的基础上，提出新时代国家治理现代化要坚持实事求是和人民至上的原则，推进传统治理思想的创造性发展和传统典章制度的创造性转化，助推国家治理体系和治理能力现代化走向完善。李钊著的《国家治理现代化公共行政理论创新研究》，将公共行政置于国家建构的广泛背景之中，用社会合作型组织取代官僚制模式，依靠多维度运作的模型使公共行政切合现代社会领域分化的趋势，以期在使中国国家治理各项目标切实可行的基本前提下，借助公共行政的媒介塑造各社会领域的内在秩序，把中国文化和制度的宏观建设推向新的高度。

本丛书的出版将是国家治理领域的重大研究成果，在学术上有利于深化和拓展对国家治理理论的研究，在实践上可以为推进国家治理体系和治理能力现代化提供参考。

华中科技大学国家治理研究院院长
华中科技大学哲学研究所所长
国家“万人计划”教学名师

2024年10月于武汉喻家山

目　录

第一章

网络空间国际治理概述

一、网络空间国际治理的背景

（一）互联网发展与网络空间兴起

互联网(internet)是以一组通用的协议相连，形成的逻辑上单一且巨大的全球化网络。在这个网络中，有交换机和路由器等网络设备、各种不同的连接链路、种类繁多的服务器和无数的计算机终端。互联网是信息社会的基础，通过它可以将信息瞬间发给相隔千里的接收者。

互联网始于1969年美国的阿帕网(ARPANET)。它最开始用于军事连接，其主要目的是为用户提供共享大型主机的宝贵资源。随着接入主机数量的增加，越来越多的人把互联网作为通信和交流的工具，一些企业还陆续在互联网上开展了商业活动，互联网在通信、信息检索、客户服务等方面的巨大潜力被挖掘出来，其应用有了质的飞跃，最终走向全球，形成今天广为人知的互联网。后来，随着移动通信技术的发展，互联网技术与移动通信技术相结合，形成了更加便捷的移动互联网。目前移动互联网正逐渐渗透到人们生活、工作的各个领域，社交媒体移动支付、位置服务等丰富多彩的移动互联网应用迅猛发展。

信息技术深刻改变着人们的生产方式和生活方式，网络空间日益成为人类生产生活的重要场域，成为继陆地、海洋、天空和外太空之后的“第五空间”。一方面，数据已成为关键生产要素，数字经济成为世界经济增长的新动能。《全球数字经济白皮书(2023年)》显示，2022 年，美国、中国、德国、日本、韩国等 5 个国家的数字经济总量为 31 万亿美元，数字经济占 GDP 比重为 58%，较 2016 年提升了约 11 个百分点；数字经济规模同比增长 7.6%，高于 GDP 增速 5.4 个百分点。[①] 另一方面，网络社交日益成为人类社会交往的重要生活方式。截至 2023 年 6 月，中国网民规模达 10.79亿人，互联网普及率达 76.4%[②]，网络空间日益成为人类生产生活不可或缺的场域。

网络空间是人类共同的活动空间，人们在网络空间形成了你中有我、我中有你的广泛社会联系。一方面，在网络空间中，各个国家积极参与全球网络空间治理，共同分享互联网资源和互联网技术应用带来的成果，互联网发展成果由世界各国共同分享，确保不同国家、不同民族、不同人群平等享有互联网发展的红利；另一方面，随着网络空间的不断拓展，国际社会形成了利益高度交融、命运休戚与共的共同体，推动数字经济的蓬勃发展和数字红利的普惠共享已成为世界各国的共同愿景。[③]

---

① 苏晓.《全球数字经济白皮书(2023 年)》发布 主要国家数字经济发展持续提速[EB/OL].[2024-05-17]. https://baijiahao.baidu.com/s?id=1771216580817100572&wfr=spider&for=pc.

② 中国互联网络信息中心.第 52 次中国互联网络发展状况统计报告[EB/OL].[2024-03-22]. https://www.cnnic.net.cn/NMediaFile/2023/0908/MAIN1694151810549M3LV0UWOAV.pdf.

③ 金毅，许鸿艳.网络空间命运共同体的价值意蕴及实践路径[J].学术前沿，2021(24):126-128.

(二)网络空间风险及其挑战

随着互联网技术的迅猛发展及其对人类生活的深刻影响,其“双刃剑”效应日益凸显。虽然互联网技术给人类文明进步带来了千载难逢的发展机遇,但是互联网技术的发展也出现了一些与人们预期不一致的结果,甚至可能对人类社会进步带来危害。

一方面,技术滥用现象破坏国家发展和社会稳定,网络谣言、网络诈骗、网络暴力、网络犯罪、网络恐怖主义等问题层出不穷。由于互联网具有整体性、开放性、动态性等特点,因此网络空间风险加速向全球蔓延,网络空间安全问题更加凸显,世界范围内的网络犯罪、网络恐怖主义活动等违法犯罪行为已成为全球公害,成为各国政府和人类的公敌。

另一方面,互联网发展不平衡、规则不健全、秩序不合理等问题更加凸显。在互联网发展过程中,网络空间霸权主义、强权政治等问题一直存在,网络攻击现象时有发生,不同国家和地区之间的数字鸿沟不断拉大,开放、平等、共享等互联网精神不断受到侵蚀。

建立一个安全、稳定、繁荣的网络空间对人类社会发展具有重要意义,维护网络空间安全是国际社会的共同责任。面对网络空间的脆弱性及其带来的诸多风险,没有哪个国家能够置身事外、独善其身。为了应对网络空间的风险与挑战,各国政府、国际组织、互联网企业、技术社群及社会公众需要积极行动起来,共同应对网络威胁,共同承担合作治理责任,不断提升网络空间安全水平,真正让互联网技术给全人类带来福祉。

在实践中,世界各国已经在网络空间合作治理方面采取了一些行动并取得了一定成效。例如,围绕互联网治理成立了互联网名称与数字地址分配机构(ICANN)、国际互联网协会(ISOC)、联合国互联网治理论坛(IGF)等若干国际组织,并采取多方模式(multi-stakeholder)或多边模式(multilateralism)等不同的网络空间合作治理模式。然而,由于各国政府及国际组织缺乏人类命运共同体理念，加之各国社会制度不同，经济发展水平和技术能力差异大，利益诉求也各不相同，因此网络空间合作治理难以达到预期效果。

（三）构建网络空间命运共同体

作为“第五空间”的网络空间日益成为人类生产生活的重要场域，各国民众在网络空间休戚与共、利益攸关、命运相连。针对全球网络空间面临的诸多挑战，一些国家提出将网络空间建设成为全人类的命运共同体。

2015 年 12 月，习近平主席在第二届世界互联网大会上首次提出了共同构建网络空间命运共同体理念。在此基础上，世界互联网大会组委会先后发布《携手构建网络空间命运共同体》概念文件、《携手构建网络空间命运共同体行动倡议》，我国国务院新闻办公室发布《携手构建网络空间命运共同体》白皮书，这些重要文件全面阐释了构建网络空间命运共同体理念的基本原则、实践路径和治理架构，取得了重要进展。[①] 其中，《携手构建网络空间命运共同体》白皮书指出，坚持共商共建共享的全球治理观，做到发展共同推进、安全共同维护、治理共同参与、成果共同分享，把网络空间建设成为造福全人类的发展共同体、安全共同体、责任共同体、利益共同体。[②]

网络空间命运共同体作为人类命运共同体理念在网络空间的自然延伸，离不开国际社会的共同努力和相互合作。为有效应对网络空间风险及其挑战，克服当前网络空间国际合作治理机制和模式的局限性，有必要在网络空间命运共同体理念的价值牵引下，重构网络空间国际合作治理机制，将网络空间建设成为真正造福全人类的命运共同体。

---

① 袁莎. 网络空间命运共同体：核心要义与构建路径[J]. 国际问题研究，2023(2)：26-41.

② 张毅. 网络空间国际合作治理：现实挑战与机制重构[J]. 国家治理，2023(23)：45-51.

二、网络空间国际治理的内涵与特征

(一)网络空间的内涵

网络空间是一个伴随着互联网技术发展而出现的词语,不同组织对网络空间有不同的理解。例如,国际电信联盟(ITU)认为,网络空间是由计算机、计算机系统、网络及其软件支持、计算机数据、内容数据、流量数据以及用户在内的所有要素组成的物理或非物理领域。北约发布的《塔林手册》提出,网络空间是由物理及非物理构建所形成的环境,其基本特征是通过计算机网络并利用计算机和电磁频谱对数据进行存储、修改和交互。美国政府出台的《保障网络空间安全国家战略》提出,网络空间是由信息技术基础设施组成的相互依存的网络。

不同国家对网络空间的理解各不相同,它们大致可以分为四类。[①] 第一类是关注信息通信基础设施,如美国的《第54号国家安全总统令(NSPD)/ 第23号国土安全总统令(HSPD)》将网络空间定义为相互依赖的信息技术基础设施网络,其中包括互联网、电信网、计算机系统和关键行业的嵌入式处理器和控制器。第二类是关注信息通信基础设施及其所承载的数据,如意大利的《国家网络空间安全战略框架》将网络空间定义为一个主要由信息通信技术节点和网络所组成的人造场域,其主导并处理日益增加的数据财富,这些数据对国家、企业,以及所有的政治、社会和经济决策者都具有战略重要性。第三类认为网络空间包含人、设施与数据三个要素,如以色列的《提升国家网络空间能力》认为网络空间包括物理和非物理领域,由下列组件的部分或全部组成:机械化和自动化系统、计算机和通信网络、程序、自动化信息、计算机所表达的内

---

① 方滨兴,邹鹏,朱诗兵. 网络空间主权研究[J]. 中国工程科学,2016(6):1-7.

容、交易和监管数据以及使用这些数据的人。第四类认为网络空间包含全部人、设施、数据与活动四个要素，如《俄罗斯联邦网络安全的概念策略》认为网络空间是信息空间中的一个活动范围，其构成要素包括互联网和其他电信网络的通信信道，还有确保其正常运转，以及确保在其上所发生的任何形式的人类（个人、组织、国家）活动的技术基础设施。

虽然不同组织、不同国家对网络空间有不同的理解，但总体来说网络空间的概念有狭义和广义之分。

狭义上，网络空间是构建在信息通信基础设施之上的人造空间，用以支撑人们在该空间中开展各类与信息通信技术相关的活动。其中，信息通信基础设施包括互联网、各种电信网（如广电网、物联网、传感网等）、各种计算机系统、各类关键工业设施中的嵌入式处理器和控制器，而信息通信技术活动则包括人们对信息的创造、改变、传输、使用、展示等过程。

广义上，网络空间是人类借助信息通信基础设施开展数据交互活动的人造空间，包括物理空间和虚拟空间两个部分。其中，物理空间是有形疆域，包括一国疆域内的网络基础设施和网络参与主体；而虚拟空间是无形疆域，由疆域内的网络行为以及依附于网络基础设施的网络资源（数据）构成。

相比较而言，广义的网络空间是一个具有社会属性的概念，它是人类基于互联网的各种政治、经济和社会活动所形成的全方位、多维度空间。当互联网逐渐渗入国家政治、经济和社会生活的方方面面时，网络空间开始与现实空间深度融合。因此，从这个意义上说，网络空间与陆地、海洋、天空、外太空等全球公域一样，并非独立于现实空间而存在。

（二）网络空间国际治理的内涵

网络空间国际治理是全球范围内各主权国家、商业机构和社会公众等多方主体，围绕网络空间相关议题，通过技术社群治理、多利益攸关方治理（以下简称多方模式）、主权国家政府治理（以下简称多边模式）等不同方式所开展的一系列国际协调与合作活动的实践过程，是一种着眼于网络空间良性有序发展应用的活动集合。

网络空间国际合作治理是一个治理体系，包括治理主体、治理议题、治理模式三个要素。

1. 治理主体

主权国家、商业机构和社会公众通常被认为是网络空间国际治理的重要主体。三者以各自利益为出发点，通过各种互动行为对具有国际互联互通属性的网络空间进行治理。

第一，主权国家在应对网络空间问题时具有更好的行政能力和国际协调能力，但也存在政治逻辑优先而忽视处理共同问题的弊端。一方面，主权国家既可以通过政策调控和立法规制等手段有效建立国家网络空间治理体系，处理网络安全威胁，打击网络犯罪，又可以通过参加国际组织、利用外交手段积极参与网络空间国际治理；另一方面，由于主权国家之间存在利益诉求差异，不同国家之间可能出现政治裹挟网络空间国际治理目的的情况，如主权国家通过区域化、阵营化的国际合作组织构建符合共同利益的治理体系，不同区域和阵营之间的主权国家因利益冲突很难达成共识。

第二，商业机构作为互联网技术发展和应用的主要推动者，掌握着网络空间国际治理所需的重要数据资源，但其在国际治理上很难像主权国家一样拥有治理决策权。一方面，像美国微软和中国华为等大型互联网企业能够通过倡导策略对网络空间国际规范的制定加以影响，通常采用的倡导策略分为“导向需求型规范”“标杆式说服型规范”“多议程联动型规范”三类；[①]另一方面，这种倡

① 崔保国，杨乐．科技企业倡导网络空间国际规范的传播策略——以微软网络安全国际规范实践为例[J]．未来传播，2024(1)：9-20，124．

导策略常常因国际地缘政治等原因难以被主权国家采纳。

第三，社会公众作为互联网的主要用户，在治理能力、技术素养等方面受到限制。他们通常只能以监督的方式发挥微弱作用，如通过网络参与或现实行动表达自身诉求，或通过监督方式推动网络空间国际治理体系不断完善。

2. 治理议题

从技术视角来看，互联网架构通常分为三层：一是由基础设施层（包括海底光缆、服务器、个人电脑、移动设备等互联网硬件设施）所构成的物理层；二是由域名、IP 地址等唯一标识符所构成的逻辑层；三是由各种网站、服务、应用、数据以及互联网用户所构成的应用层。[①] 网络空间国际治理的议题主要围绕这三个层次展开。

第一，物理层在互联网体系结构中处于最底层，它是支撑数据信息传输的物理设施，包含双绞线、路由器设备等基础设施。此类治理议题主要围绕互联网基础设施建设及其带来的问题进行探讨，如治理互联网基础设施建设带来的大气污染问题[②]、针对互联网基础设施的战争（包括物理攻击和网络攻击）防范[③]等。此类治理议题的出现时间较早，相关研究较为成熟，也已出现较为稳定的治理机制。

第二，逻辑层在互联网体系结构中位于中间层次，它是支撑数据信息传输的互联网关键资源，主要包含互联网系统架构、运行标准制定等。此类治理议题主要围绕互联网关键资源分配及技术标准规范制定等公共事务展开，如分析网络空间域名解析服务、私域

① 罗昕，蔡雨婷. 全球互联网治理规则制定的分布格局与中国进路[J]. 现代传播（中国传媒大学学报），2022(3)：68-75.

② 牛子恒，崔宝玉. 网络基础设施建设与大气污染治理——来自“宽带中国”战略的准自然实验[J]. 经济学报，2021(4)：153-180.

③ Nye J S. Nuclear Lessons for Cyber Security? [J]. Strategic Studies Quarterly，2011(4)：18-38.

主权问题[①]、技术标准制定主导权问题[②]等。此层次治理议题的出现时间晚于物理层治理议题，但它是网络空间治理的主要实施对象。在互联网诞生之初，网络规模不大，技术架构和协议标准等均不完善，使得网络空间治理一开始就集中于逻辑层的治理。此外，逻辑层的治理还涉及域名的商业化、根服务器的管理、通信协议、数据传输协议、网络IP地址的分配等大量涉及用户核心利益的事务，成为各国竞逐的目标。因此，从最早负责互联网协议开发与统一的国际互联网工程任务组(IETF)，到由多利益攸关方组成的互联网名称与数字地址分配机构(ICANN)，还有联合国主导的国际电信联盟(ITU)等，国际社会合作治理的焦点主要集中于网络空间的逻辑层治理。[③]

第三，应用层在互联网体系结构中位于最高层次，又称内容层，是指支撑用户生产传播信息内容的应用程序或软件，包含社交媒体平台及其他应用等。随着网络空间与现实空间的深度融合，现实社会问题逐渐在网络空间出现，同时网络行为也催生新问题，促使围绕内容层的议题不断扩展[④]，如针对网络间谍的国际法规制[⑤]、数据犯罪刑法[⑥]、数字经济时代监管转型[⑦]等。此类治理议题的出现时间较晚，相关治理实践仍然处于探索阶段，尚无统一有效的治理机制。

3. 治理模式

在网络空间治理实践中曾出现多种治理模式，其治理机制各

---

① 那朝英，庞中英. 网络空间全球治理：议题与生态化机制[J]. 学术界，2019(4)：64-74.

② 耿召. 规则与标准并重：网络空间国际规范的类型化研究[J]. 情报杂志，2023(1)：142-151.

③ 马建青，李琼. 构建网络空间命运共同体：全球互联网治理范式演进和中国路径选择[J]. 毛泽东邓小平理论研究，2019(10)：33-42.

④ 匡文波，方圆. 网络空间命运共同体理念下的全球互联网治理体系变革[J]. 武汉大学学报(哲学社会科学版)，2023(5)：38-46.

⑤ 李彦. 场域视角下网络间谍的国际法规制[J]. 政治与法律，2023(10)：162-176.

⑥ 张旭，陈凯琳. 数据犯罪刑法应对的三个维度[J]. 法学杂志，2024(2)：111-123.

⑦ 王岭. 数字经济时代中国政府监管转型研究[J]. 管理世界，2024(3)：110-126，204.

不相同，且呈现复杂性特征。依据治理主体和机制的不同，网络空间国际治理大致可以分为技术社群治理、多方模式、多边模式三种模式。

第一，技术社群治理。该模式是以技术专家为主导，呈现民间团体治理的特征。出于维护互联网行业共同利益的目的，相关技术专家通过行业自律的形式，对网络空间发展和应用中出现的技术标准问题作出规范。此模式能够有效规制技术因素导致的网络空间国际治理问题，目前技术社群治理以欧洲国家为代表，该模式出现的时间较早，其在技术问题上发挥的作用得到广泛认可。

第二，多方模式。多方模式主张吸纳政府、企业、技术专家、学术研究机构等多元主体共同参与讨论网络空间国际治理问题甚至作出决策。但是，多方模式实际上仍以少数主权国家为主导方能有效运作，其他主体仅参与讨论，不具备决策权力。例如，大型互联网跨国公司因全球化的市场规模令其在网络空间国际治理中具有更多的合法性，而 ICANN 等非营利性国际组织因其宣称的中立性也存在一定程度上的影响力，但两者并不能在国际社会中得到充分认可。值得一提的是，上述西方国家具有一定合法性和影响力的非政府组织绝大部分受美国司法管辖[①]，即便其在某种程度上影响网络空间国际治理，其背后的机制仍然是以美国政府为主导发挥作用。该模式受到美国的推崇，是当前网络空间国际治理的主导模式。

第三，多边模式。主权国家政府认为网络空间主权是国家主权在网络空间的自然延伸，各主权国家应平等地参与网络空间国际治理。该模式的机制是自上而下的，充分发挥了政府的行政能力优势，通过尊重各国主权，实现了尊重网络空间中各国民众的共同利益；通过不断吸收多方力量参与，实现了网络空间国际治理中的科学决策，得以更好地应对日益复杂多样的网络空间国际治理

① 张毅.网络空间国际合作治理：现实挑战与机制重构[J].国家治理，2023(23)：45-51.

问题。与此同时,该模式强调联合国这一重要国际组织的主渠道作用,同时通过二十国集团(G20)等国际合作组织拓展其影响力。与多方模式相比,多边模式的作用机制更加合理,且尊重了广大发展中国家和全人类的利益,能够达到更好的治理效果。该模式被中国、俄罗斯等发展中国家推崇,是一种新颖的网络空间国际治理模式。

(三)网络空间国际治理的特征

当前网络空间国际治理呈现四大特征。一是发达经济体相对于欠发达经济体在网络空间国际治理中有更大的话语权;二是政府间国际组织相比主权国家在网络空间国际治理中发挥着更大作用;三是跨国公司难以获得政府间国际组织的接纳;四是机制堆叠和“巴尔干化”导致资源分散并加剧紧张关系。

1. 发达经济体相对于欠发达经济体在网络空间国际治理中有更大的话语权

网络空间国际治理呈现出发达经济体更具话语权的特点,具体体现在发达经济体具有先发优势和构建排他性的主导机制两个方面。

一方面,由于互联网技术起源于美国等发达经济体,其具有先发优势。在技术层面,美国等发达经济体在互联网技术发展早期已形成了技术垄断,当互联网技术民用化时,美国军方已经形成了一套相对成熟的技术标准,为后续技术发展奠定了基础。在企业层面,当前在网络空间国际治理中具有发言权的大企业,大部分是以美国企业为首的西方发达经济体企业,如亚马逊、苹果、思科、谷歌、微软等,这些互联网企业起步较早,已经形成庞大规模,并在不断强化其技术优势。[①]

另一方面,发达经济体为维持优势地位而积极构建具有排他

① 赵永华.构建网络空间命运共同体的必要性与合理性[J].人民论坛,2020(20):110-113.

性的主导机制。以美国为首的发达经济体排斥欠发达经济体参与网络空间国际治理，拉拢并扩大盟友圈以遏制欠发达经济体崛起，所构建的治理体系在价值观和意识形态层面的集团化倾向明显。以隐私保护为例，美国主导并联合加拿大、日本等国，共同发布《全球跨境隐私规则声明》，试图推动建立全球数据流动的国际认证体系，成立全球跨境隐私规则（CBPR）论坛，从而在数字经济国际规则制定中掌握话语权。[①] 美国主导构建的机制未尊重广大欠发达经济体的意见，呈现排他性特征，不利于构建统一的网络空间国际治理体系。

2. 政府间国际组织相比主权国家在网络空间国际治理中发挥着更大作用

在网络空间国际治理中，政府间国际组织相比主权国家发挥了更大作用，具体体现在政府间国际组织更具跨国行动力和国际合作组织更具有国际影响力两个方面。

一方面，政府间国际组织不仅与主权国家一样具有很强的执行力，而且具有更强的跨国行动力。其中，联合国职能领域广泛，涉及互联网治理的诸多事务，相关平台有国际电信联盟（ITU）、联合国信息安全政府专家组（UN GGE）、联合国信息安全开放式工作组（OEWG）等。除联合国外，经济领域的国际组织在制定数字经济规则上也扮演了重要角色，如世界贸易组织（WTO）的《服务贸易总协定》等文件为数字贸易提供了重要准则。[②] 由于国际组织所制定的相关规则由各国政府协商制定，因而具有更高的国际接受度。

另一方面，国际合作组织相比单一主权国家更能够在多边合作或区域合作中发挥联盟作用，发挥更强的国际影响力。国际合

① 郎平，陈琪琪. 网络空间国际治理的机制复杂性及其影响[J]. 同济大学学报（社会科学版），2023(6)：47-59.

② 罗昕，蔡雨婷. 全球互联网治理规则制定的分布格局与中国进路[J]. 现代传播（中国传媒大学学报），2022(3)：68-75.

作组织一般指多边或区域的合作联盟，如二十国集团（G20）成员涵盖发达国家与发展中国家，相继达成了《G20 数字经济发展与合作倡议》《大阪数字经济宣言》等数字经济成果。[①] 国际合作组织所制定的相关规则符合组织中多边国家的共同利益，因而具有更大的国际影响力。

3. 跨国公司难以获得政府间国际组织的接纳

大型互联网跨国公司作为网络空间国际治理的主体之一日益受到重视，但其参与空间相对有限，同时它们所提出的倡议难以获得政府间国际组织的接纳。

一方面，大型互联网跨国公司在网络空间国际治理中的参与空间受到遏制。例如，采用多方模式的联合国信息安全开放式工作组（OEWG）在其工作中并未针对非国家行为体参与讨论设置保障机制。[②] 同样，在由各国政府参与的正式讨论会中，大型互联网跨国公司也被排除在外[③]，这表明大型互联网跨国公司虽然在网络空间国际治理中具有日益凸显的影响力，但其难以深度参与治理体系的构建。

另一方面，大型互联网跨国公司参与网络空间国际治理时所提出的倡议并未得到充分重视。早在 2017 年，微软便呼吁制定《数字日内瓦公约》，希望保证网民和企业在网络空间中不受政府行为的伤害，其中关于“各国政府承诺不对民用目标或关键基础设施使用网络攻击”“防止各国囤积软件漏洞”的倡议至今没有在政

① 罗昕，蔡雨婷. 全球互联网治理规则制定的分布格局与中国进路[J]. 现代传播（中国传媒大学学报），2022(3)：68-75.

② Cybersecurity Tech Accord. Multi-stakeholder Participation at the UN：The Need for Greater Inclusivity in the UN Dialogues on Cybersecurity [EB/OL]. [2024-05-14]. https://cybertechacord.org/uploads/prod/2021/11/ParisCal-WG3-Study-FINAL.pdf，202111.

③ 郎平，陈琪琪. 网络空间国际治理的机制复杂性及其影响[J]. 同济大学学报（社会科学版），2023(6)：47-59.

府间国际组织中得到认可[①]，主权国家之间的网络攻击和冲突频发，影响网络空间国际治理体系的稳定性。

4. 机制堆叠和“巴尔干化”导致资源分散并加剧紧张关系

机制堆叠是指机制密度的叠加会形成机制间的重复安排，而机制“巴尔干化”则指因不同目标和偏好导致的相互竞争行为的激增[②]，这两种现象将分别导致网络空间国际治理呈现公共资源分散和网络空间紧张关系加剧。[③]

一方面，机制堆叠将分散有限的公共资源，阻碍网络空间国际治理体系解决全球性问题。例如，联合国安理会曾就网络空间安全问题举办“阿里亚模式”会议。作为一个非正式论坛，“阿里亚模式”会议允许非政府组织的多利益攸关方参与讨论，但是联合国在举办此类非正式论坛前就已经存在联合国信息安全开放式工作组(OEWG)[④]，因此联合国安理会的过多参与促使网络空间国际治理机制堆叠，在浪费公共资源的同时，还导致各国意见难以集中表达，国家间更难达成共识。又如，在联合国框架之外，区域、多边国际合作组织广泛存在，在缺乏统一协调的情况下，机制堆叠将阻碍网络空间国际治理的有效合作[⑤]，使有限的公共资源分散。

另一方面，机制“巴尔干化”将使网络空间国际治理紧张关系不断加剧，不同治理模式之间呈碎片化状态且互相排斥，导致统一治理原则难以形成。以国际数字贸易领域为例，由中、日、韩、澳、新等15方成员制定的《区域全面经济伙伴关系协定》对跨境数据

---

① 鲁传颖：“数字日内瓦公约”，球在美国手上[EB/OL].[2024-06-08]. https://opinion.huanqiu.com/article/9CaKrnK0Dze.

② André B, Thomas R. Power and Diplomacy in the Post-liberal Cyberspace[J]. International Afairs,2020(3):763.

③ 郎平，陈琪琪. 网络空间国际治理的机制复杂性及其影响[J]. 同济大学学报(社会科学版)，2023(6):47-59.

④ 郎平，陈琪琪. 网络空间国际治理的机制复杂性及其影响[J]. 同济大学学报(社会科学版)，2023(6):47-59.

⑤ Pratt T. Deference and Hierarchy in International Regime Complexes[J]. International Organization,2018(3):561-590.

流动的约束性较弱，缔约方有权自己决定是否基于公共政策目标而采取措施。[①] 而《美墨加三国协议》等区域贸易协议对跨境数据流动的强制性突出。区域贸易协定的内容差异较大，不同区域经济体秉持不同原则，碎片化治理且各自形成路径依赖，势必增加未来多边贸易体制中数字贸易规则谈判的难度[②]，导致网络空间国际治理紧张关系不断加剧。

三、网络空间国际治理现状

随着信息技术的飞速发展，网络空间已经成为全球范围内政治、经济、社会、文化等多领域交流互动的重要平台，一系列复杂问题也随之而来，要求国际社会予以高度重视并寻求有效的解决方案。近年来，各个国家、国际组织、民间团体和私营部门等多主体聚焦网络空间的多元治理议题展开讨论与实践，并积极探索国际治理机制的发展，以共同应对网络空间国际治理的挑战。

（一）聚焦多元治理议题

网络空间国际治理涉及的内容广泛，包含的议题繁多。根据近年来各个国家、国际组织、国际会议的讨论热点可以发现，物理层、逻辑层的网络空间治理问题探讨相对无明显增长，应用层与跨层级治理规则讨论较多[③]，因此，本书在网络空间国际治理议题的物理层选取网络基础设施连通，在应用层选取数据跨境流动和内容协作治理，辅以跨层次的网络安全合作治理，反映近年来网络空间国际治理的焦点议题。

---

① 王蕊，潘怡辰，袁波，等．从 CPTPP 与 RCEP 差异看我国应对数字贸易规则竞争的思路[J]．国际贸易，2022(3)：12-18.

② 黄家星．国际数字贸易规则碎片化：现状、成因及应对[J]．太平洋学报，2022(4)：70-82.

③ 罗昕，蔡雨婷．全球互联网治理规则制定的分布格局与中国进路[J]．现代传播（中国传媒大学学报），2022(3)：68-75.

1. 网络基础设施连通

当前，发达国家与发展中国家之间、不同年龄之间、城市与农村之间的互联网技术发展水平仍然差距较大。为了缩小数字鸿沟，各国及国际组织持续深入推进网络基础设施连通工作，并使其向“有意义的连通”延伸。一方面，进一步加大对数字基础设施的铺设，打通相对落后地区的网络连接；另一方面，许多国家和国际组织将数字技能和素养培育、系统的数字生态构建也纳入连通的范畴，认为包含这些内容的连通才是真正“有意义的连通”。

美国于2020年发布了《5G安全国家战略》，于2021年提出G7版“重建美好世界”计划，旨在进一步加大对核心数字基础设施的投资。国际电信联盟(ITU)发布《2024—2027年战略规划》，将推进普遍互联互通列为战略目标。中国于2023年2月发布《数字中国建设整体布局规划》，将数字基础设施建设列为数字中国建设的两大基础之一。在“有意义的连通”方面，联合国开发计划署发布的《2022—2025年数字战略》中提出要通过全社会参与方式建立“基于包容性、可持续性、责任和权力发展繁荣”的数字生态系统。[①]

2. 数据跨境流动

数据被称为“21世纪的石油”“数字经济的货币”，对全球生产、流通、分配、消费活动产生重要影响，逐渐成为驱动经济增长和社会发展的重要生产要素。数字经济的全球化通过信息网络实现了全球供给和消费，造成数量多、频率高的跨境数据流动，[②]对构建符合主权、安全与发展需要的网络空间数据治理体系提出了更高的要求。建立数据跨境流动规制不仅是应对数据安全风险挑战

① 中国信通院. 全球数字治理白皮书(2022年)[EB/OL]. [2024-05-17]. http://www.caict.ac.cn/english/research/whitepapers/202303/P020230316619916462600.pdf.

② 何傲翾. 数据全球化与数据主权的对抗态势和中国应对——基于数据安全视角的分析[J]. 北京航空航天大学学报(社会科学版), 2021(3):18-26.

的现实要求和增强数据治理能力的内在要求，也是提升网络空间制度性话语权的战略要求。[①] 因此，近年来各国和各国际组织均聚焦网络空间的数据流动问题并出台了大量计划与办法。

2023 年 7 月，欧盟与美国达成《欧盟-美国数据隐私框架充分性决定》，回应了美欧对跨境数据流动的纷争。2022 年 12 月，经济合作与发展组织(OECD)数字经济部长会议发布了《关于政府访问私营部门实体持有的个人数据的宣言》，为成员国政府在遵循各国现有法律框架的前提下基于执法或国家安全目的获取私营部门实体所持的个人数据设定了共同规范框架。亚太经济合作组织(APEC)框架下的跨境隐私规则(CBPR)的推广也不断提速。中国 2020 年发起《全球数据安全倡议》，为加强全球数字安全治理贡献中国智慧，并于 2022—2024 年分别发布《数据出境安全评估办法》《个人信息出境标准合同办法》《促进和规范数据跨境流动规定》，以促进数据依法有序自由流动。

3. 内容协作治理

在网络空间国际治理的早期阶段，其治理对象以对互联网基础网络资源的开发、管理、利用等技术性问题为主，内容治理曾经是一个非常敏感且共识度较低的领域。[②] 然而随着社交媒体的广泛普及，网络空间中的信息越发纷繁复杂，引致了许多“黑天鹅”事件。因此，如何在保障言论自由的同时，有效管理网络空间的内容，防止网络谣言和虚假信息的传播，便成为网络空间国际治理的热点问题，国际社会对此均给予高度关注并持续探索相应解决办法。

英国政府于 2019 年 4 月发布《网络危害》白皮书，成立了全球首个针对网络危害的独立监管机构，强制监管网络不良信息；2023

① 王倩，刘杨钺，牛昊. 欧美跨境数据流动规制模式对比及博弈分析[J]. 情报杂志，2023(3)：173-180.

② 戴丽娜. 2019 年全球网络空间内容治理动向分析[J]. 信息安全与通信保密，2020(1)：22-26.

年10月，英国的《在线安全法案》正式获批成为法律，保护儿童免受网络伤害的同时保证成年人对网络浏览内容的选择权利。2019年，《二十国集团领导人大阪峰会防范网络恐怖主义和暴力极端主义声明》中强调，各国政府应与网络平台合作审核网络内容以防止恐怖主义势力利用网络进行活动。2020年，中国发布《网络信息内容生态治理规定》，详细规定了不同主体在共同维护网络信息内容生态环境中承担的具体责任。针对人工智能技术的飞跃式发展对网络空间内容的影响，联合国秘书长古特雷斯于2023年6月发布简报呼吁所有利益攸关方采取紧急措施，解决人工智能技术进步对错误信息、虚假信息和仇恨言论传播的影响，推动各方共同制定数字平台信息完整性行为守则。

4. 网络安全合作治理

相比网络基础设施连通、数据跨境流动和内容协作治理，网络安全是一个更为复杂的跨层级、综合性治理议题。在物理层主要体现为硬件设备和基础设施的安全，在逻辑层主要涉及软件、系统、协议的安全，在应用层则主要关注信息内容的安全与合规性。同时，大国博弈背景下的网络安全持续与军事安全、政治安全融合，使得网络空间成为国家间竞争和博弈的新领域。面对多领域、多层次、国际化的网络安全问题，各国纷纷调动政府、企业、社会组织和个人的力量，共同构建系统性、全方位、立体化的网络安全防护体系。

美国出台了一系列战略与实施计划，包括《国家网络安全战略》《美国国家安全战略》《网络安全信息共享法案》《联邦网络空间安全研发战略计划》等，有效构建了网络安全治理体系。中国持续完善顶层设计和全面布局：成立中央网络安全和信息化领导小组，后改为中央网络安全和信息化委员会；国家互联网信息办公室与中央网络安全和信息化委员会办公室，一个机构两块牌子，列入中共中央直属机构序列；出台《中华人民共和国网络安全法》《国家网络空间安全战略》《国家网络安全事件应急预案》《网络安全审查办法》等法律法规。欧盟成立欧洲网络与信息安全局，并于2020年发布《欧盟安全联盟战略2020—2025》，对欧盟成员国国家网络安全战略应包含的内容要素提出建议。国际电信联盟（ITU）于2018年发布《国家网络安全战略指南》，帮助各国根据自己的情况、文化和社会价值制定网络安全战略。

（二）探索治理机制发展

从互联网发展历程来看，网络空间国际治理的演进大致可以分为三个阶段。[①]

第一阶段为20世纪80年代中期至90年代中期。在这个时期，互联网处于全球普及的初级阶段，互联网安全有效运转的标准规范尚在探索之中。针对互联网技术层面的问题，一些以互联网工程任务组（IETF）为代表的技术性治理机构开始自发性参与到网络治理中，主要通过社群讨论等方式研发并制定互联网相关技术标准。

第二个阶段为20世纪90年代后期至21世纪初。在这个阶段，互联网普及面逐渐扩大，美国开始意识到互联网资源的重要性，进而通过与技术社群争夺互联网域名和地址分配控制权以控制互联网资源，ICANN由此建立。尽管ICANN名义上是一个集合了全球网络界商业、技术及学术各领域专家的非营利性国际组织，但美国商务部实际上通过合同拥有了分配全球互联网协议地址资源的权力。[②]

第三个阶段为21世纪初至今。信息技术高速发展，网络空间与物理空间加速融合，深刻影响着全球的政治、经济、社会生活，越来越多的主权国家、政府间国际组织、国际非政府组织、私营部门等均加入网络空间国际治理活动。政府间国际组织如信息社会世

---

① 郎平.网络空间国际治理机制的比较与应对[J].战略决策研究，2018(2)：89-104.

② 罗楚湘.网络空间国际治理中国方案的形成、遵循与路径[J].广西社会科学，2024(1)：111-121.

界峰会(WSIS)、国际电信联盟(ITU)、联合国信息安全政府专家组(UN GGE)等,国际非政府组织如世界互联网大会(WIC)、世界经济论坛(WEF)、全球网络空间稳定委员会(GCSC)等,私营部门如微软等。①

网络空间国际治理在探索过程中,先后出现了三种治理机制。一是技术社群治理,主要治理主体是私营部门或掌握技术的个人,主要关注互联网技术标准、基础设施等技术问题;二是多方模式,强调政府、国际非政府组织、企业、个人等多方平等参与治理,弱化了政府的传统主导地位;三是多边模式,倡导在各主权国家政府主导前提下的国际非政府组织、企业、个人的多主体共同参与,突出政府的主导地位。

其中,多方模式与多边模式经历了长期动态的对立。2013 年"斯诺登事件"发生前,多方模式在网络空间国际治理中明显占优,而强调政府主导的多边模式曾遭到"自由主义""技术主义"等的强烈排斥,联合国框架下的治理进程也因此进展缓慢并且长期被边缘化。然而,随着美国所谓"自由主义""技术主义""霸权主义"等治理理念的幻灭,多方模式的缺陷逐渐暴露,多边模式获得更多认可,政府角色在网络空间国际治理中的地位不断提高。

此外,信息技术的发展和国际形势的变化使得网络空间国际治理面临着需求不断增加的现实②,多方模式与多边模式之间相互影响,呈现逐渐有机融合的趋势。其主要表现为:一方面,技术组织中政府咨询委员会的出现与影响力的提升,以及多方组织或论坛中政府代表参与的增多;另一方面,多边框架下的政府间国际组织在开展网络空间国际治理活动时对非政府力量的吸纳。③

---

① 郎平,陈琪琪.网络空间国际治理的机制复杂性及其影响[J].同济大学学报(社会科学版),2023(6):47-59.

② 徐龙第.全球网络空间治理:核心问题、中国方案与未来方向[J].欧洲研究,2023(6):58-79.

③ 戴丽娜."斯诺登事件"十年与网络空间国际治理格局演进[J].中国信息安全,2023(6):64-67.

四、网络空间国际治理挑战

随着全球信息化步伐的加快，网络空间成为政治、经济、社会、文化等多领域交织融合的新场域，是全球互联互通、资源共享的关键平台，其安全稳定发展直接关系到经济发展、社会秩序和国家利益。一方面，技术的快速发展使得网络空间国际治理需要不断适应新的安全威胁；另一方面，网络空间的全球性使得任何单一国家都难以独自应对其中的问题。加之国际形势的深刻变化，网络空间国际治理面临着前所未有的挑战。

（一）技术冲击：网络攻击频发，失范行为升级

随着信息技术的飞速发展，网络安全问题日益凸显。网络攻击的频率、复杂性和破坏性持续增强，勒索攻击和供应链攻击等事件层出不穷。同时，网络空间失范行为也日趋复杂多样，网络诈骗、网络谣言和网络犯罪等日益猖獗，对个体和社会造成了严重危害。

一方面，网络攻击的频率、复杂性和破坏性随着信息技术的发展而不断增强，重大网络攻击事件频发，网络安全形势愈发严峻。在勒索攻击方面，部分勒索组织通过“勒索软件即服务”（RaaS）将恶意软件作为服务提供给其他黑客组织，形成勒索攻击产业链，导致恶意攻击泛滥。据德国 Statista 网站统计，2023 年全球有高达 72％的企业成为勒索攻击的受害者。在供应链攻击方面，日益复杂的 IT 生态系统使得供应链安全面临较大挑战，其中尤以开源软件（OSS）漏洞问题为甚。[①] 据安全评估机构 Veracode 的研究，开源组件仓库中高达 70.5％的代码库存在安全漏洞，其中近半的漏洞是由其他开源项目直接或间接引入所致。

① 桂畅旎，刘星. 2023 年国际网络空间形势回顾及发展动向[J]. 中国信息安全，2023(12)：19-23.

另一方面，信息技术的高速发展使得网络诈骗、网络谣言、网络犯罪等网络空间失范行为呈现出前所未有的复杂性和多样性，对受害者的名誉、隐私、财产等造成更大伤害。其中，人工智能、大数据等技术的突破性发展更是加剧了这一趋势，使得造假成本更加低廉、虚假信息更难辨识、诈骗手段层出不穷。现实中，人工智能深度伪造技术(deepfake)已经频频出现于网络诈骗案件中，造成了大量经济和声誉损失。据世界经济论坛研究与分析主管布鲁内曼所述，仅在2022年，就有26%的小企业和38%的大企业遭遇了深度伪造技术的欺诈，损失高达48万美元。[①] 而发生在2024年2月的一起网络诈骗案件中，诈骗者通过公开渠道获取媒体资料，利用深度伪造技术仿造企业高层管理人员的形象和声音，对一家跨国公司的香港分公司进行了金额高达2亿港元的诈骗。

(二)规则缺失：国际法适用性不足，国际治理规则缺乏共识

面对网络空间国际治理的复杂性和多变性，当前的国际法和国际规则均存在一定程度上的缺失。虽然国际法作为基本原则的适用性已达成共识，但在具体实施时其细节仍然需要深入探讨。同时，各国数字技术和网络空间发展水平的差异也导致国际治理规则难以统一，给国际治理规则体系的构建带来巨大挑战。

一方面，虽然对于“现有国际法依然适用于网络空间”这一观点已达成国际共识，但面对日益复杂的网络空间治理问题，国际法的适用性仍然需要进一步细化。一是传统国际法，特别是战争法在网络空间的适用性长期以来存在广泛的争议，[②]即使原则性共识已经达成，但具体哪些国际法原则和规则适用于，以及如何适用于网络空间仍未明确。二是信息技术迭代的速度极快，对于层出

① 高雅.警惕！美国发生多起AI语音诈骗案件，联邦机构将加强监管[EB/OL].[2024-05-08].https://www.yicai.com/news/101764097.html.

② 徐龙第.战争法在网络空间的适用性：探索与争鸣[J].当代世界，2014(2):50-53.

不穷的关键基础设施安全、跨境数据保护、隐私信息保护、网络失范行为、网络恐怖主义等前沿网络空间国际治理相关问题，滞后于实践的传统国际法并未能涉猎[①]，需要对当前的网络空间进一步建章立制。

另一方面，各国数字技术和网络空间发展水平参差不齐，对网络空间国际治理规则的需求不同，致使网络空间的国际治理规则在许多方面都难以达成共识。以 2022 年度《联合国打击网络犯罪公约》谈判进展为例，关于网络空间国际治理的基本原则，大部分发展中国家主张必须恪守主权平等和不干涉他国内政等国际法基本原则，建议参照过去的国际公约框架，首先明确捍卫国家主权；而另一部分国家则持有不同观点，认为侵入性的网络犯罪制裁措施很可能对人身自由、隐私、言论自由等人的基本权利构成威胁和侵害，因此提倡在整个公约体系内始终贯彻人权保护原则。关于网络犯罪公约的定罪范围，各国均认可应将非法侵入、干扰计算机系统或设备等针对计算机系统及数据的“纯粹网络犯罪”纳入规制范围，但对是否应将利用网络技术实施的传统犯罪纳入公约规制范围，仍存在较大分歧。大部分发展中国家认为，在当前信息技术与犯罪活动深度融合的背景下，扩大公约的规制范围，将更多利用信息技术实施的犯罪行为纳入公约以便更有效打击各类犯罪活动是十分必要的；但另一些国家则仅支持将传播儿童色情等极少数利用网络实施的传统犯罪纳入公约，并认为应该就纳入公约的犯罪具体标准进行确定，以避免“过度定罪”。[②]

（三）大国博弈：网络空间权力失衡，阵营化、政治化、泛安全化

在大国博弈的背景下，各国在经济、政治、军事等多个领域的竞争日益激烈。作为新时代的战略高地，网络空间中权力和话语

---

① 翁臻.网络空间命运共同体视角下网络空间国际治理[J].海峡法学，2023(4)：29-37.

② 姜博谦，王渊洁.2022 年度《联合国打击网络犯罪公约》谈判进展[J].中国信息安全，2023(1)：70-72.

权的争夺使得国家之间形成阵营化对抗，部分技术议题被赋予政治色彩，泛安全化思维主导行动决策，导致网络空间国际治理难以高效推进。

一是网络空间权力失衡、话语权失序，导致网络空间国际治理进展缓慢。网络空间的权力结构与物理空间中的政治权力结构相似，以美国为首的西方国家凭借其在技术、规则和军事上的优势，在网络空间中位于权力结构的顶端，使得网络空间秩序呈现出明显的西方霸权特征。这种霸权结构导致网络空间中的治理力量失衡，使得国际合作难以开展，严重影响了网络空间治理的效能。与此相同，网络话语权也是现实话语权在网络空间的延伸，是大国间争夺的新兴领域。以美国为首的西方国家凭借其强大的互联网实力，垄断了网络空间中的话语权，对全球网络空间进行话语渗透，不利于网络空间国际治理体系的构建。别有用心、无中生有的“中国威胁论”及其国际话语构建就是美国等西方国家利用其网络空间话语权优势对中国形象的抹黑，导致中国的国际合作进程受到阻碍。①

二是西方国家将政治目的和意识形态斗争带入合作议题，使得网络空间国际治理呈现阵营化对抗，部分技术议题被赋予政治色彩。首先，在美国的引领下，西方国家以意识形态为依据划分阵营，将本可以协商解决的问题转化为阵营间的对立，进一步激化了网络空间国际治理中的矛盾，影响了议题的一致性。其次，在大国竞争的背景下，技术领域的议题往往不再单纯是技术层面的讨论，而被赋予了更多政治色彩。以芯片产业为例，芯片作为信息技术领域的关键组成部分，其研发、生产和供应直接关系到国家的经济安全和技术竞争力。然而，美国为了维护其在全球科技领域的霸主地位，频繁滥用国家安全原则，对芯片产业进行政治干预，通过限制对中国的芯片出口，试图遏制中国在科技领域的发展。这种

① 王向阳.网络空间治理的国际规范研究[J].情报杂志，2021(7):80-85.

以意识形态划分技术发展阵营的方式严重损害了国际合作治理的基础。[①]

三是在泛安全化思维主导下,网络空间大国竞争加剧,网络空间国际治理进程迟滞。美国的网络空间战略聚焦于大国竞争对美国网络安全和基础设施安全的威胁,并将其作为强化联邦网络系统安全与进攻性网络建设能力的出发点。在处理网络空间大国关系时,美国普遍运用泛安全化的思维方法指导其政策行动和决策过程[②],以更激进的手段处理冲突问题。全球网络空间安全困境不断加剧,一定程度上降低了各国参与国际合作的意愿,导致网络空间国际治理进程缓慢。

---

① 桂畅旎.当前网络空间国际治理现状、主要分歧及影响因素[J].中国信息安全,2023(4):68-72.

② 蔡翠红,王天禅.特朗普政府的网络空间战略[J].当代世界,2020(8):26-34.

第二章

国外网络空间治理经验

治理是相对于统治而言的，治理理论强调协调与合作，强调治理主体的多元化及治理主体与客体地位的相互转化。根据联合国的定义，网络空间治理是指国家、私营部门等根据各自的作用，制定和实施旨在规范网络空间发展和使用的共同原则、准则、规则、决策程序和方案。其中，网络空间治理的主体是国家、私营部门等，网络空间治理的内容涉及共同原则、准则、规则、决策程序和方案。[①] 由于多重原因，网络空间治理中不同主体间难免存在一定的矛盾，而且，网络空间的虚拟化、去地域化等特点，以及频发的网络犯罪等行为，使得有效的网络空间治理显得愈发重要。

经过新世纪 20 余年的发展，从最初的技术监控，到目前的网络治理，国外网络空间治理的主要内容涵盖了四个方面。一是确保网络空间安全，主要包括遏制和打击网络恐怖主义、网络犯罪、黑客攻击、病毒传播等。二是治理不良信息，保护未成年人权益，主要包括治理网络色情、网络暴力、危害国家安全和社会稳定、煽动宗教歧视和种族仇恨的内容、垃圾邮件、危害信息

① 董爱先. 国际网络空间治理的主要举措、特点及发展趋势[J]. 信息安全与通信保密，2014(1)：36-41.

等。三是监管网络市场，主要包括对互联网的市场准入、网络内容服务、IP 地址和域名网络资源进行监管等。四是引导和规范网络内容，主要包括知识产权保护、网络文化推广、营造健康的网络生态环境等。[①]

尽管多年来我国政府持续加强网络空间治理工作，无论是投入的人力，还是物力、财力，都堪称庞大，但政府对网络空间的治理仍颇感吃力，对网络舆论的应对仍显得相当被动。与日新月异的网络技术相比，政府网络空间治理理念和方式明显滞后，管理能力有待提升。[②] 在网络空间治理方面，发达国家网络空间治理始于 20 世纪末，经过几十年的发展，已成体系和规模，美国等发达国家有着较为丰富的经验，本书选择美国、日本、欧盟这三个治理主体。美国在网络空间治理方面陆续出台了一系列法律法规，实现了美国网络空间治理防线的构建。经过多年的探索，美国网络空间治理已经形成完善成熟、行之有效的机制，在多元共治、法律规制、柔性治理等方面取得了显著成效。日本网络信息技术产业起步较早，在 20 世纪 80 年代就确立了"技术立国"的国家发展战略。与此同时，日本也积极进行网络安全治理，应对网络安全威胁。经过长期发展，日本已经形成了较为完善的网络安全治理体系。欧盟各国由于自身的多元化特点，其网络空间治理也面临着较其他国家更加复杂的情形。作为较早引入互联网的地区，欧盟在网络空间治理方面具有一定的经验，同时作为一个超国家行为体，治理进程中要协调多利益攸关方的利益。研究总结分析以上三个治理主体的主要做法，可以为探索我国网络空间治理的有效途径，参与全球治理网络空间的国际合作提供借鉴意义。

---

① 董爱先. 国际网络空间治理的主要举措、特点及发展趋势[J]. 信息安全与通信保密，2014(1)：36-41.

② 许鑫. 西方国家网络治理经验及对我国的启示[J]. 电子政务，2018(12)：45-53.

一、多主体协调治理

网络空间的治理是一个由多角色参与的治理，接下来本章将依次介绍三个治理主体针对网络空间的治理经验。

（一）美国

美国是互联网诞生的国家，在网络空间中居于主导地位。实际上，自从数字时代开启以来，美国一直是私有、开放、分散和安全的网络空间的支持者。在网络空间治理中，美国主张对网络内容采取比较宽容的态度，强调治理网络空间不能以牺牲言论自由为代价。[①] 美国政府重视发挥行业组织、社会组织和公众的力量。多利益攸关方模式在美国被认为是网络空间治理的恰当模式，并已被互联网名称与数字地址分配机构（ICANN）采纳[②]，政府负责制定相关法规和政策，行业协会负责制定和实施具体的操作规范。网络服务提供商和内容提供商根据相关规则加强自律和自治，接受或反对来自政府的内容审查。网络用户则根据需要自主采用技术过滤手段排除不良信息，并对互联网政策和政府管制行为实施监督。

在政府治理方面，政府主要负责网络基础设施建设和维护，制定与互联网行业有关的公共政策，依法治理互联网。2009 年，美国总统奥巴马任命了第一任白宫网络安全协调官。2009 年，美军战略司令部设立网络司令部，负责侦察、防御美国网络空间面临的威胁。2015 年，美国成立了新的网络安全机构——网络威胁情报整合中心，该中心汇总美国联邦调查局、中央情报局和国家安全局的情报，提高了网络情报的收集能力，并通过共享分析来对网络安

① 董爱先．国际网络空间治理的主要举措、特点及发展趋势[J]．信息安全与通信保密，2014(1)：36-41.

② 张彬，詹妮佛·温特．美国网络空间治理现状与政策（下篇）[J]．通信世界，2018(28)：33-35.

全事件作出迅速反应,更加有效地应对各类网络威胁。[①] 美国相继组建了反击网络黑客指挥部、国家网络安全与通信整合中心等机构,旨在整合政府相关部门的职能,强化国家的网络监管职能,及时发现、阻止和惩处网上的违法犯罪行为。[②] 美国各州还根据自己的实际情况,颁布了有关互联网应用方面的州法律,并建立起符合自己实际情况的网络管理制度与监管机构。

在行业自律方面,美国的网络空间治理重视行业自律,强调以互联网行业监管为主,政府强制为辅,实行政府与互联网行业的协同治理。美国的互联网行业自觉遵守国家有关网络信息服务管理的规定,自觉履行互联网信息服务的自律义务,引导用户文明上网,增强网络道德意识,自觉抵制不良信息的传播。美国联邦通信委员会(FCC)主要负责制定网络行为章程和规则。美国互联网协会通过开设举报热线或举报网站等形式,发挥网民力量进行监督。2015年10月,美国发布《网络安全信息共享法案》,鼓励互联网企业参与信息安全保护,并且与政府共享涉及网络攻击的情报信息。美国互联网协会出台行业自律规范,并通过行业监督的方式进行互联网企业行为的全面监督,如"建议性行业指引""网络隐私认证计划"等措施,倡导企业严格遵循相关法律准则,同时接受相关行业组织的监督。[③] 众多实践活动表明美国政府积极与行业互动,鼓励企业主动参与网络空间治理。

在全民治理方面,公民自行进行信息筛选和技术屏蔽,自主决定保护未成年人的措施。这些措施主要应用于个人信息保护,对于涉及国家安全的领域,则由政府主导防控。[④] 在宣传教育上,2010年4月,美国启动《国家网络安全教育计划》,旨在提高美国

---

① 安静.网络空间面临的多重挑战及西方网络治理经验探讨[J].国外社会科学,2016(4):123-129.

② 谢晶仁.美国互联网管理的实践经验及其对我国的启示[J].湖南省社会主义学院学报,2018(1):66-69.

③ 缪锌.美国互联网治理的特色与启示[J].传媒,2017(19):55-56.

④ 许鑫.西方国家网络治理经验及对我国的启示[J].电子政务,2018(12):45-53.

各地区、各年龄段公民的安全意识和技能。2011年8月,美国发布《网络安全教育计划战略规划:构建数字美国》,旨在通过创新的网络行为教育、培训和加强相关安全意识,促进美国的网络和信息安全。[①] 美国媒体道德联盟通过公共教育、法律咨询等途径,与网络受众一同抵抗网络不良信息的传播。通过广泛的公众教育,呼吁家长加强保障儿童不受网络不适宜内容侵害的力度。美国政府在充分保障公民表达自由、隐私权和其他相关权利的前提下,赋予网络终端用户有效的技术和方法,使用户本人自觉自愿地对不适宜网络传播内容进行有效的规制。[②] 社会监督永远是网络空间治理中不可或缺的一部分。

(二)日本

日本的网络空间治理形成了全方位、多层次的战略布局,旨在构建一个安全、稳定和自由的网络环境。

在政府治理方面,行政机构制定和落实网络治理制度,实施行政管理,监督传播内容。2000年,日本制定了《高度信息通信网络社会形成基本法》,根据该法设立的IT战略总部,负责日本信息化战略的各项具体措施。2005年,根据IT战略总部的要求,以内阁府为首,包括警察厅、总务省、法务省、文部科学省、经济产业省在内的各政府相关部门,成立了专门负责网络信息内容安全的局长级别的会议,简称"IT安心会议"。同年,日本成立了内阁官房信息安全中心,作为日本协调网络信息安全管理的专职机构,主要负责联络协调、制定技术标准等。[③] 2013年5月、6月,日本分别建立了全国性的网络攻击分析中心和国家网络安全中心,打击日益严

---

① 董爱先.国际网络空间治理的主要举措、特点及发展趋势[J].信息安全与通信保密,2014(1):36-41.

② 朱垚颖,张博诚.演进与调节:互联网内容治理中的政府主体研究[J].学术前沿,2021(5):102-107.

③ 许鑫.西方国家网络治理经验及对我国的启示[J].电子政务,2018(12):45-53.

重的网络犯罪行为。[①]

在行业自律方面,网络服务提供商、内容提供商等企业组织和日本电信通信协会等行业协会负责不良信息的监控、过滤、处理,由行业协会和第三方机构负责提供技术指导和软件支持,网络服务相关企业负责内容审查和监控。[②] 2008年4月,日本成立了第三方的手机网站审查使用监视机构(EMA),该机构负责健全发展手机网络信息内容审查标准和保护未成年人远离网络违法、不良信息的侵害。互联网企业有极强的社会责任感,自发成立各类互联网协会,制定各类规章制度并严格遵守。日本行业协会和互联网企业制定了许多行业规范和自律守则,如《互联网伦理事业准则》是日本的第一部互联网行业自律法规,规定了互联网行业应遵循的基本原则。日本网络与信息安全协会制定的《电子网络运营中的伦理纲领》等,指明了网络服务提供商应当遵守的基本理念、经营准则,以及网络用户的行为模式和方法;电信服务协会制定的《互联网信息自主运营指针》等,作为指导内容把关的标准。当前,日本政府的主要职责是制定相关的法律法规和进行政策指导,具体的操作规范由互联网行业协会来组织实施。协会制定行业规范、处理公众投诉、普及网络知识、提升网民网络素养等,在网络空间治理中的作用无可替代。

在全民治理方面,社会公众加强自我教育并对网络内容审查实施监督。以"创造任何人都能安心安全应用的互联网"为目的,2009年2月,日本的网络用户、IT产业、教育界人士等共同创立了安心网络促进协议会,致力于推进网络文化的健康发展、研究,维护网络信息内容安全。在全国范围内开展网络信息内容安全的普及教育,从2010年2月开始,每年的2月份被定为"信息安全月",以使国民了解网络信息内容安全的重要性为目标开展各种宣传教

① 董爱先.国际网络空间治理的主要举措、特点及发展趋势[J].信息安全与通信保密,2014(1):36-41.

② 许鑫.西方国家网络治理经验及对我国的启示[J].电子政务,2018(12):45-53.

育活动。2011年7月,日本发布《信息安全普及与启蒙计划》,详细制定了2010—2013年日本信息安全意识普及工作的推进机制与具体措施。同时,学校和监护人共同成立了家长协议会(PTA),为未成年人的发展创造良好的环境。对于网络中出现的新型问题及时向教师和监护人通告和普及,未成年人在上网时,监护人应保持警惕,密切关注未成年人的访问历史记录,掌握未成年人的信息活动变化,正确引导未成年人的身心发展。对于互联网上不良信息的治理,日本有专门的志愿者主动监视互联网上的信息,一旦发现不良信息马上举报,为日本互联网发展营造了良好的环境。此外,还经常举办群众性的讨论、竞赛等活动,普及网络安全知识。

(三)欧盟

欧盟作为较早引入互联网的地区,在网络空间治理方面具有一定的经验。欧盟、各成员国政府、国际组织、私营部门和民间团体等多元参与主体建立起公私伙伴关系(PPP),来共同应对网络空间治理的挑战。治理进程中要协调欧盟层面、国家层面、企业层面等多利益攸关方的利益。在治理手段上,欧盟各成员国均制定了网络空间治理的战略,配合以法律制度等方式开展治理工作。[①]

在欧盟层面,作为一个超国家行为体,欧盟委员会不断完善有关基础设施建设以及网络空间治理原则,从而为各成员国提供治理方向的指导;成立欧洲网络与信息安全局(ENISA)、关键基础设施预警信息网络委员会(CIWIN)两大机构,配合实施保护关键基础设施计划;成立欧洲网络安全组织,以协调政府与企业等多方网络安全行动。此后,欧盟要求各成员国制订网络安全保障计划,并配备专职人员——安全联络官,推动关键基础设施相关政策法规的落地实施。[②] 在打击网络犯罪的斗争中,欧盟委员会要求官

① 宋文龙.欧盟网络空间多层治理模式及启示[J].学习月刊,2016(16):17-19.

② 付凯,陈诗洋,姜宇泽,等.欧盟互联网治理对我国的启示[J].信息通信技术与政策,2018(6):19-22.

方机构、数据保护机构以及经济界之间密切合作。欧盟委员会通信网络、内容和技术总司专门负责政府和企业的网络安全，而欧洲警察署负责打击网络犯罪，欧盟委员会对内事务总司保证网络社区和经济数据安全，各司其职。[①] 欧洲网络与信息安全局于2012年发布了《国家网络安全策略——为加强网络空间安全的国家努力设定线路》，指出欧盟各成员国国家网络安全战略应该包含的内容和要素。2013年1月，欧盟成立了欧洲打击网络犯罪中心，负责打击有组织犯罪团伙的网上违法活动。2013年2月，欧盟委员会颁布了《欧盟网络安全战略：公开、可靠和安全的网络空间》，评估了欧盟网络安全形势，确立了网络治理的指导原则，明确了各个层面的权责。

在国家层面，在遵循欧盟委员会规定的治理原则基础之上，欧盟各成员国纷纷制定了符合自己国情的网络空间治理制度。爱沙尼亚、芬兰、捷克、斯洛伐克、法国、德国、立陶宛、荷兰、卢森堡等成员国相继制定了本国的网络安全战略。[②] 例如，德国网络空间治理的特点为自由与治理并重，在互联网时代德国依然重视对网络言论自由的保护，同时也对不适宜内容严厉打击和管制。法国网络空间治理以立法、行政管理和行业自律等为手段，其中立法是基础，行政管理是重要手段，而行业自律是必要补充。[③] 为此，法国成立了互联网监护会、互联网用户协会、法国域名注册协会等调控机构，还建立了一批宣传信息和法律的网站。在网络空间治理活动中，法国政府发挥主导作用，奉行共同调控原则，法国政府开启协商对话的目的在于更好地提高规制效率。为了更好地实施共同调控的规制思路，法国还成立了一个由政府机构人员和个人共同组成的机构——互联网国家顾问委员会，为互联网的发展和规制提供意见建议。

---

① 宋文龙.欧盟网络空间多层治理模式及启示[J].学习月刊，2016(16)：17-19.

② 宋文龙.欧盟网络空间多层治理模式及启示[J].学习月刊，2016(16)：17-19.

③ 宋文龙.欧盟网络空间多层治理模式及启示[J].学习月刊，2016(16)：17-19.

在企业和个人层面，欧洲部分网络安全企业和研究人员也参与到网络空间治理的实践中。包括企业代表、法律机构以及用户代表在内的各界人士共同建立了“安全互联网论坛”，在这个论坛上大家可以相互交流经验，合力提出问题的解决思路和方案。2013年4月，由丹麦的CSIS、荷兰的Fox-IT和西班牙的S21Sec等网络安全企业牵头，并有600多名专家参与，联合成立了一个安全协会，即欧洲网络安全组织，配合欧盟和各国的网络治理，共同构建欧洲网络安全屏障。27个成员国的“国际互联网热线联合会”针对互联网儿童色情和种族歧视等不良信息，要求欧盟各成员国的网络服务提供商进行敏感词过滤处理。[①] 公众可以通过市民热线举报非法网络信息，然后由热线网络将相关信息报告给各主管部门加以处理，由此提升了打击网络犯罪的治理效能。

二、健全法律体系，严格依法治理

网络空间并非“法外之地”，各国将立法作为网络空间治理的根本手段，也只有出台一系列法律法规、行政规定，网络空间治理才会有行动依据。积极推动网络空间国际治理是负责任大国的应有担当。习近平主席提出了推进全球互联网治理体系变革的“四项原则”和构建网络空间命运共同体的“五点主张”，明确了构建网络空间命运共同体的基本原则和实践路径。健全法律体系是国家实施网络空间治理战略的重要前提，作为接触互联网较早的美国、日本和欧盟通过法律途径来治理网络空间的经验十分丰富，这对于我国网络空间的治理有重要的借鉴意义。

（一）美国

美国的网络空间治理强调依法治理，通过立法手段规范网络

---

① 董爱先.国际网络空间治理的主要举措、特点及发展趋势[J].信息安全与通信保密，2014(1)：36-41.

空间治理，防止政府管制行为越轨，为网络空间治理提供法律依据。美国通过立法途径保障本国网络安全，实现对互联网进行严格管控。在国家安全方面，“9·11”恐怖袭击事件发生后，美国颁布了《爱国者法案》，以反恐为由，监控民众的通话内容和互联网通信内容。[①] 2002年通过《国土安全法》，成立国土安全部，将网络空间安全升级为国家安全。[②] 这两部法律也在一定程度上干涉民众的言论自由、传播自由和隐私权，引发了如何取得个人自由权利和国家安全利益之间的平衡的讨论。2004年12月，美国颁布了《情报改革与反恐法案》，针对国家面临的网络恐怖主义威胁，增加了对网络恐怖主义惩罚的内容；2008年颁布的《国家网络安全综合计划》进一步完善了美国网络安全战略，提高了美国网络空间治理的能力；2011年颁布的《网络空间可信身份国家战略》通过建立单一身份识别系统来保障安全。[③] 在网络安全方面，美国出台了一系列法案，包括《网络安全改善法》《联邦信息安全现代化法案》《网络安全法》《网络安全信息共享法案》等，有效构建了网络空间治理基本防线，为网络空间安全与秩序提供了坚实保障。[④]

在个人网络信息的保护方面，1974年《隐私法案》是美国保护公民隐私权和知情权的一项重要法律。1986年《电子通信隐私法》不仅禁止政府部门未经授权的窃听、禁止所有个人和企业对通信内容的窃听，还禁止对信息未经授权的访问。1997年《消费者互联网隐私保护法》、1998年《儿童在线隐私保护法》都为互联网个人隐私的保护提供了依据。1999年《网络电子安全法案》对访问和使用存储的恢复信息、机密信息保护、获取联邦调查局技术支

---

① 谢晶仁.美国互联网管理的实践经验及其对我国的启示[J].湖南省社会主义学院学报，2018(1)：66-69.

② 缪锌.美国互联网治理的特色与启示[J].传媒，2017(19)：55-56.

③ 安静.网络空间面临的多重挑战及西方网络治理经验探讨[J].国外社会科学，2016(4)：123-129.

④ 缪锌.美国互联网治理的特色与启示[J].传媒，2017(19)：55-56.

持、信息拦截等问题作出了详细的规定。① 2007年《信息自由法》规定政府信息公开的内容不得侵犯他人隐私权。在未成年人保护方面，美国自1996年开始，先后通过了《通信内容端正法》《儿童在线隐私保护法》《儿童互联网保护法》，以严格控制和监管色情等不良信息的传播，保护未成年人的身心健康。但是，限制网络信息以保护未成年人，在美国互联网立法中并不顺利。1998年《儿童在线隐私保护法》、2000年《儿童互联网保护法》均因阻碍个人言论自由，与其他法律冲突而没有得到很好的贯彻和实施。

（二）日本

为了完善网络空间的治理，日本制定了方方面面的法律。在基础设施建设方面，2000年，日本颁发了汇集各方力量研究而成的《高度信息通信网络社会形成基本法》，将信息安全上升为国家战略，为之后的信息安全战略的实施提供了法律保证。2003年《日本信息安全综合战略》以及2010年《日本保护国民信息安全战略》等信息安全战略的颁布进一步完善了法律基础设施建设。在解决网络信息泄露问题上，2002年5月，日本颁布了《服务商责任限制法》。在打击网络犯罪方面，1999年，日本就出台了"反黑客对策行动计划"政策，2000年颁布了《关于禁止不正当存取信息行为的法律》等法规。《未经授权计算机访问法》明确了未经授权访问他人计算机等行为是非法行为。2000年2月《反黑客法》开始实施，加强了对黑客的处罚力度。为防止犯罪分子利用邮件发送垃圾广告、散播反动或色情信息、进行网络欺诈、传播病毒等，2002年日本颁布了《特定电子邮件法》，同年7月又颁布了《反垃圾邮件法》。2005年，日本颁布《电子签名法》，打击电子商业领域的犯罪，保护商业信息安全。

① 董爱先. 国际网络空间治理的主要举措、特点及发展趋势[J]. 信息安全与通信保密，2014(1)：36-41.

在个人信息保护方面，日本于 1999 年通过了《禁止非法读取信息法》，并于 2000 年 2 月 13 日起正式施行。根据这部法律，非法使用他人账户和密码，或利用其他攻击手段读取自己无权访问的计算机资源，都属于犯罪行为，将被判刑或罚款。2002 年，日本颁布的《特定电子邮件法》规定，禁止出于个人或他方营利目的，未经他人允许向其发送电子邮件。2003 年，日本又颁布了《个人情报保护法》，进一步强调了互联网个人信息保护[①]；同年，日本还颁布了《个人信息保护法》。《个人信息保护法》《行政机关持有个人信息保护法》《独立行政法人持有个人信息保护法》《与行政机关持有个人信息保护法实施相关的整备法律》《信息公开与个人信息保护审查会设置法》被称为"日本个人信息保护五法案"，日本基本上形成了个人信息安全保护的完整法律体系。在未成年人保护方面，2003 年，日本颁布了《交友类网站限制法》，明确交友类网站运营商不得对青少年传播淫秽信息，一旦发现其平台上有淫秽信息，应当及时采取措施防止不良影响扩大。同时，规定青少年监护人应为其选择具有过滤软件的通信终端，防止青少年登录交友类网站。2008 年，日本推出《青少年网络环境整备法》，细化了对未成年人信息内容安全的保护，明确规定了多个主体在保障青少年安全上网方面的职责和义务，确保青少年安全上网。

（三）欧盟

自 1992 年颁布《信息安全框架决议》以来，欧盟已经出台了超过 36 项法律、法规、指令和条例，在法律方面的网络空间治理不断完善。[②] 在超国家层面，欧盟对网络安全和保护设立严格的标准，督促各成员国自行以立法的形式实现并补充具体的实施措施。1992 年颁布的《信息安全框架决议》是欧盟信息立法的开始，最初

---

① 梁怀新. 日本网络安全治理模式及其对中国的启示[J]. 西南民族大学学报（人文社会科学版），2019(3)：208-213.

② 宋文龙. 欧盟网络空间多层治理模式及启示[J]. 学习月刊，2016(16)：17-19.

的立法是从技术手段上来保护网络安全，21世纪初开始考虑主体们的权责关系。[①] 2000年颁布的《电子商务指令》进一步明确了企业的责任。为了缩小与美国、日本的数字鸿沟，欧盟提出了“电子欧洲”的概念。为了打击网络犯罪，欧盟于2000年颁布《网络刑事公约（草案）》，将针对互联网的非法入侵、数据窃取、制造或传播违法不良信息等行为明确界定为犯罪行为。[②] 2001年《网络犯罪公约》的签署为打击网络犯罪提供了依据。2007年出台了《保护儿童免受性剥削和性虐待公约》，对打击网络上针对儿童的犯罪行为具有现实的意义。

欧盟也非常重视个人网络信息和网络隐私权，早在1995年欧盟就颁布了《数据保护指令》，以此保护个人信息。第95/46/EC号指令、第97/66/EC号指令等，要求各成员国有效保护网络用户个人数据安全与个人隐私不受侵犯。在第95/46/EC号指令中首次提出关于数据跨境流动的要求，欧盟各成员国可以限制或禁止本国数据向缺乏数据保护能力的国家或地区流动。[③] 2018年5月，欧盟出台《通用数据保护条例》（简称GDPR），这部法律能够更好地保护个人隐私权，明确规定数据主体拥有多种权利来保护个人信息。

在国家层面，各成员国也十分重视网络立法。以德国为例，德国在西方发达国家中最早开展网络立法，拥有丰富的网络立法经验，对其他国家网络立法有重要的借鉴意义。1997年，德国通过的《信息与通信服务法》（又称《多媒体法》）对网络非法言论作出详细规定，明确了各类网络治理主体的责任和义务。《信息与通信服务法》涉及网络服务提供商的责任、保护个人隐私、数字签名、网络

① 郭春涛.欧盟信息网络安全法律规制及其借鉴意义[J].信息网络安全，2009(8):27-30.

② 付凯，陈诗洋，姜宇泽，等.欧盟互联网治理对我国的启示[J].信息通信技术与政策，2018(6):19-22.

③ 付凯，陈诗洋，姜宇泽，等.欧盟互联网治理对我国的启示[J].信息通信技术与政策，2018(6):19-22.

犯罪、保护未成年人等,是一部全面的综合性法律。[①] 2002年,德国政府通过了《德国联邦数据保护法》,并根据发展信息和通信服务的需要对《刑法典》《著作权法》等法律作出必要的修改和补充。《德国联邦数据保护法》对公共机构和私人机构关于数据的处理、数据主体的权利、个人数据主体使用数据的限制作出了详细的规定。2003年4月,德国通过了第一部《青少年媒介保护国家条约》,该条约能够促使青少年健康上网,同时也展现了德国对互联网进行法治规制的坚强决心。2018年1月1日,德国《网络执行法》正式施行,进一步加强了对社交媒体平台的监管。

三、创新应用新媒体技术,重视内容监管

(一)美国

随着互联网技术的发展,美国越来越重视新技术在政府治理工作中的运用。从2009年起,美国开始实施“开放政府”计划,建设政府开放数据网站这一技术措施也纷纷被其他国家借鉴,力求利用互联网打造“透明”“参与”“合作”的开放政府。美国积极督促公共信息在互联网开放,通过向媒体提供新闻及设立官方网站、社交媒体中心的方式,传播政府声音,引导网络舆情,使政府观点通过新闻媒体影响公众。经过探索,美国政府已经形成一个基于网络平台的多主体政府治理模式。面对社会公共问题,政府主动公开相关信息,鼓励社会参与,平衡各方利益。[②]

在内容监管层面,美国的“棱镜”计划就是利用大数据搜索、挖掘技术,对包括本国公民在内的全球互联网用户进行监控。[③] 为

① 丁懿南.欧盟及成员国对互联网信息内容的治理[J].信息网络安全,2007(10):70-72.

② 许鑫.西方国家网络治理经验及对我国的启示[J].电子政务,2018(12):45-53.

③ 董爱先.国际网络空间治理的主要举措、特点及发展趋势[J].信息安全与通信保密,2014(1):36-41.

了对网络空间进行有效治理，美国成立了预防网络犯罪的专门机构，其中美国的国家警察部门和安全部门可以秘密监控本国任何网站及监听任何人的手机，并以法律授权的形式秘密查阅民众的电子邮件。[①] 美国相继组建了反击网络黑客指挥部、国家网络安全与通信整合中心等机构，旨在整合政府相关部门的职能，强化国家的网络监管职能，及时发现、阻止和惩处网络上的违法犯罪行为。此外，另一种重要的方式是对网络内容进行分级，以便于网络用户选择合适的网络信息，主要是保护未成年人权益。美国的技术过滤在形式上不存在强制性，完全由用户自行选择是否安装相关软件进行信息筛选，以确保未成年人免受不良信息的侵蚀。网站分级系统不会对网站内容作出价值评判，而是发放问卷，交由相关内容提供者据此进行分析和定级，最后由监护人进行分级设定，决定哪些网站可以让未成年人安全访问，但是否安装、安装到哪种程度，都由用户自行决定。[②] 这样不仅能够有效保护未成年人，而且避免了对个人言论自由权的侵害，有效维护了互联网开放自由的环境。

然而，美国在互联网内容监管方面也面临着诸多挑战与争议，主要是如何平衡技术创新、市场开放、言论自由和国家安全等多方面的利益。其中，大型互联网企业对新媒体的垄断以及对公共产品的侵蚀等问题日益受到关注。特别是自2016年美国总统大选以来，大型互联网企业借助其技术和经济优势，垄断了信息的收集和分发，对政治动员和民主选举造成了重大影响。这些企业实际上已经成为美国的“信息专员”，影响着现代思想的形态。2021年以来，以特朗普社交媒体账号被社交媒体平台永久性封禁为代表的一系列事件进一步彰显了大型互联网企业令人担忧的控制力和影响力。此外，关于网络中立性原则的争议也层出不穷。美国网

① 谢晶仁.美国互联网管理的实践经验及其对我国的启示[J].湖南省社会主义学院学报，2018(1):66-69.

② 缪锌.美国互联网治理的特色与启示[J].传媒，2017(19):55-56.

络中立性原则承载了美国所谓的"网络自由"的价值理念，与技术创新、市场开放和言论自由等议题息息相关。然而，这一原则在美国特定的政治环境中被制度化，但一直以来无法通过立法形成稳定有效的规制。网络中立性立法的困难源于互联网技术与制度文化之间的矛盾，同时也涉及网络服务提供商和互联网企业的利益，并与美国两党的政治博弈紧密相关。

（二）日本

日本也十分重视媒体宣传和内容监管，充分利用互联网技术丰富网络空间治理的手段。日本的国家信息安全中心指挥处理与网络信息内容安全相关的事务，总务省对广播电视和电信行业进行统一管理。根据现行法律，网络服务提供商和网络内容服务商、公共机构网站、个人网页、网上论坛管理人都是法律规范的对象。在信息发送者发送违法信息的情况下，登载该信息的网站管理者负有连带民事法律责任，有义务视情况删除相关信息。同时，日本执法和情报机关监视、收集与分析网络信息，包括电子邮件，监控的重点是暴力团伙、右翼和邪教组织、特定使馆和外国人的网站及网上信息，日本警方在发现可疑信息后，有权要求网络服务提供商和网站管理者提供相关事实材料或查封网页。日本政府通过全国互联网热线中心，对网络上传播的儿童色情信息实时监控，一经发现，立即查处。[①] 在全国范围内开展有关网络信息内容安全的宣传，实地演习如何防范网络不良信息渗透。

在治理手段层面，日本倡导民间主导型的"官民合作"方式，注重加强与社会团体、私营部门和公民个人的合作。[②] 政府提供政策指导，公民和行业自身在网络空间治理中发挥着重要作用。日本政府对网络空间治理的主要方式是由行业自主制定规范、自主

---

① 马闻慧.日本网络信息内容安全的治理机制及对中国的启示[D].武汉：华中科技大学，2013.

② 张化冰.互联网内容规制的比较研究[D].北京：中国社会科学院研究生院，2011.

治理互联网。互联网行业利用其掌握的先进技术来规范互联网的发展，通过软件企业和技术运营商的力量加强技术过滤，同时更多地依靠家长来正确引导儿童上网，政府只是在其中起到辅助或者引导的作用。例如，日本电气公司与通产省合作，共同研发过滤软件“聪明芯片”，可以帮助未成年人自动过滤不健康的内容，确保未成年人上网的安全。《青少年网络环境整治法》也强调从政府、企业和家庭层面来净化青少年的网络环境。

在内容监管层面，日本通过网络过滤和分级制度保障青少年安全上网。这种网络过滤和分级制度不是采取强制的思路，而是通过劝说与宣传的手段，使青少年及其监护人主动采用过滤软件。

（三）欧盟

为促进欧盟一体化，提高欧盟互联网发展的整体水平，并对一些共同性问题（如垃圾邮件、网络犯罪、未成年人保护等）进行统一管理，欧盟在互联网内容规制方面采取了一系列措施，旨在保护用户权利、确保在线环境的安全与公正，并提高透明度。例如，欧盟的《数字服务法案》（简称 DSA）对在欧盟拥有用户的社交媒体平台提出了新的要求，目的是更好地保护用户及其权利。具体包括如下内容。

（1）打击非法内容、商品和服务，提供给用户标记此类非法活动的手段。

（2）保护未成年人，包括完全禁止基于个人数据的未成年人定向广告。

（3）向用户提供关于他们看到的广告的信息，如为什么向他们展示这些广告以及谁为广告付费。

（4）禁止基于敏感个人数据（如政治或宗教信仰、性取向等）的广告。

（5）简化提交投诉和联系的方式。

这些要求体现了欧盟在互联网内容规制方面发挥着积极作

用，旨在确保建立一个开放、自由、安全、全球性、可靠、包容和互操作的互联网环境。

欧盟的互联网内容规制对个人隐私保护产生了积极的影响。首先，欧盟的《通用数据保护条例》为个人数据保护设定了严格的标准，要求企业和组织在处理个人数据时必须遵循合法、公正和透明的原则。这包括对数据的收集、存储、处理和传输等各个环节的控制，以及对数据主体的权利保护，如访问权、更正权、删除权（被遗忘权）等。《通用数据保护条例》的实施提高了个人隐私保护的水平，并对全球范围内的数据保护法规产生了示范效应。其次，《数字服务法案》禁止了基于敏感个人数据（如政治或宗教信仰、性取向等）的定向广告，以减少对用户隐私的侵犯。《数字服务法案》还特别强调了对未成年人的保护，如将16岁以下用户的账户默认设置为私密账户，以防止他们的个人信息被滥用。最后，《数字服务法案》改善了非法内容的移除机制，要求平台在尊重基本权利的同时，迅速对非法内容作出反应。这有助于减少侵犯个人隐私的非法内容在网上的传播。

除了以上治理手段，欧盟还通过开展攻防演习、主题宣传日等活动，提升企业网络攻防能力及民众防范意识。欧盟的互联网内容规制模式介于美国和中国之间，更接近于美国。欧盟采取了有条件的责任方法，要求社交媒体平台在接到通知后移除或禁用包含侵权材料的内容，但不允许要求平台主动监控和过滤内容。这种模式在全球范围内被许多国家和地区采纳，成为网络空间治理的一种常见做法。欧盟在数字政策领域的规则制定能力，使其在全球网络空间治理中扮演了引领者的角色。欧盟的政策和法规不仅在成员国内部实施，还通过各种机制对全球其他国家产生影响，推动了全球网络空间治理的发展。例如，《通用数据保护条例》的影响超出了欧盟边界，促使全球范围内的企业和组织提高其数据保护标准，以符合该条例的要求。综上所述，欧盟的互联网内容规制通过设定高标准的数据保护、推动网络空间治理模式的采纳、实施《数字服务法案》、推广关键互联网标准、确立数据留存和监控的禁止原则，以及在全球政策制定中的引领作用，对全球网络空间治理产生了深远的影响。

四、自由与监管并存

（一）美国

美国奉行表面看似宽松自由的网络空间治理理念，保护言论自由，主张对网络内容采取比较宽容的态度，强调治理网络空间不能以牺牲言论自由为代价，在确保网络信息安全的前提下，保护网民的言论自由。美国前国务卿希拉里也曾明确提出，美国网络空间治理的目标是“确保互联网的开放、安全和自由”。[①] 美国宣称以技术过滤和自律自治实现互联网的柔性治理，互联网与生俱来的自由、开放意识得以保持。一方面信息公开，另一方面规范信息审查，强调政府管制权力和公民自由权利的平衡。

在监管层面，美国互联网监管体系是多元的，既有相对完善的法律法规，也有较为健全的市场运行机制，还有成熟的执行措施，诸如社会主流意识的引导、网络论坛管控、网络技术手段等，尤其是美国的网络监管体系比较健全。其网络监管体系主要可以从立法、行政来呈现。在立法方面，法律规制构建网络空间治理基本防线。美国非常重视网络空间治理的立法建设，有效构建了网络空间治理基本防线，为网络空间安全与秩序提供了坚实保障，比如《爱国者法案》《网络安全改善法》《联邦信息安全现代化法案》《网络安全法》《隐私法案》等，这些法律都是政府进行网络空间治理的依据。在行政方面，美国政府是网络空间治理中一个举足轻重的主体，政府依法治网，扮演着执行者的角色。为确保网络信息安

① 许鑫.西方国家网络治理经验及对我国的启示[J].电子政务，2018(12)：45-53.

全,美国由国家网络总监办公室出面协调,建立了一个以国土安全部为中心,国防部、商务部等机构协作的网络空间治理体系。2009年,美国成立了白宫网络安全办公室和全国通信与网络安全控制联合协调中心,加强对网络空间不良信息的监控和管理。[①]

在尊重自由层面,为了防止政府通过网络空间治理过度干预,美国也通过多种途径保护民众的言论自由。首先,美国政府坚持鼓励为主,强化自律意识,注重自我约束,严格自我管理,引导互联网企业遵规守法。美国的专业协会以行业规范、公约等共同认可的条文为准绳,以此规范各自的行为,从而使互联网处于一种相对有序的状态。[②] 其次,在美国的网络空间治理中,国家加强与社会民众的沟通,关照各方利益,实现协商共治,开放共享。[③] 当社会各个层面表达强烈不满和批评时,政府通过增加公民权利保护条款、调整法案适用范围来妥协,以信息公开推动互联网开放和网络信息自由。最后,在互联网接入和应用方面倡导"网络中立",即网络服务提供商须平等对待所有互联网内容和访问,不得控制传输数据的优先级,以保证网络数据传输的中立和公正。[④]

(二)日本

日本政府很少直接干预网络空间治理,其主要任务是制定网络空间治理的大政方针,为网络空间治理、发展创造良好的环境。各项互联网整顿活动并不是由政府部门主导,而是由互联网行业协会等非政府组织负责。法律为网络空间治理提供依据,政府很少制定大量的行政法规、规章制度。日本信息安全中心主要负责网络安全与监控,加强统筹领导。除此之外,各个部门在网络管理

① 许鑫.西方国家网络治理经验及对我国的启示[J].电子政务,2018(12):45-53.

② 谢晶仁.美国互联网管理的实践经验及其对我国的启示[J].湖南省社会主义学院学报,2018(1):66-69.

③ 缪锌.美国互联网治理的特色与启示[J].传媒,2017(19):55-56.

④ 郑志平.美国互联网治理机制及启示[J].理论视野,2016(3):63-66.

中各自发挥其功能，保证网络空间里的活动合法、安全。同时面对突发网络事件，日本政府也有专门的机构来负责，从日常的演练和及时应对中保护网络安全，有效增强网络空间治理能力。

日本十分重视民间力量对网络空间的监管，自律自治是日本网络空间治理长期以来的传统。日本政府强调支持行业自我运营、自我监督。民间力量相对于政府机构，具有较高的灵活性和机动性，对于违法、不良信息嗅觉灵敏、反应迅速，应对行业发起的网络信息内容安全监督等活动予以鼓励和支持。[①] 为了加强网络安全，政府相关部门发现网上违法和不良信息后，会通知网络服务提供商或网络内容服务商，后者自主决定是否删除此类信息。

日本政府对网络空间治理的直接干预极少，但政府通过一系列的法律法规将网络空间治理掌握在可控范围之内。一方面，通过政府干预可以弥补市场资源不足、市场无序竞争为网络空间带来的负面影响，同时为社会群体引导网络空间发展方向，减少市场发展的无序性；另一方面，充分放权给社会群体，可以调动社会的积极性，提高政府工作效率，达到事半功倍的效果。[②]

（三）欧盟

欧洲的网络隐私泄露、网络色情、网络恐怖主义以及网络犯罪等问题日益突出，成为单一国家或组织难以独自解决的棘手问题。在欧盟层面，欧盟委员会积极出台各项措施，与各成员国积极协调，同时鼓励企业和相关组织的广泛参与。欧盟委员会不直接对网站和网民进行管理，而是把重点放在关键环节上，发挥每一个成员国和网络参与者的作用。在国家层面，还是以德国为例，德国制止互联网对信息的滥用，既有本国特色的网络自由空间，同时也有对滥用自由的严厉管制。德国在国内设立多个专门部门监控网络

---

① 马闻慧．日本网络信息内容安全的治理机制及对中国的启示[D]．武汉：华中科技大学，2013.

② 王慧芳．中日互联网治理比较研究[D]．徐州：中国矿业大学，2014.

信息的传播,对网上活动进行管理。同时通过网络立法规范网络参与者的行为,出于保护国家安全的考虑对网络言论以及隐私进行部分干预。与此同时,基于德国《基本法》的规定,公民个人的表达自由权利在互联网上依然得到充分的保护。

五、加强国际合作

网络空间具有无政府主义状态的基本特性,是一个全球开放、互联互通的体系,不存在清晰的国家边界,网络安全已经超越了国家安全范畴,演变为一个全球性的威胁,成为国际社会共同面临的一项挑战。所以,国际社会必须加强国际协调与合作,积极推动网络空间的全球治理,这样才能有效应对日益加剧的网络空间威胁。

美国作为互联网发展较为发达的国家,出于自身利益,积极主导加强国际合作。目前较有影响力的国际网络安全治理机构,如ICANN,负责全球互联网唯一标识符系统及其安全稳定的运行和维护;又如国际互联网协会,负责指导国际互联网政策的制定等。[①] 美国在这些机构中占据主导地位,在国际网络空间治理活动中发挥重要作用。世界上第一个针对网络犯罪的国际公约《网络犯罪公约草案》,就是由欧盟与美国等共同草拟的,以寻求网络空间治理的办法来解决网络犯罪问题。

近年来,日本积极强化网络安全治理的国际合作,力图加强日本在网络安全合作领域的国际话语权。日美同盟逐步深化,日美两国通过防务部门及其他网络安全主管部门之间的合作,进一步提升了双方在网络安全治理领域的协作水平。同时,日本积极加强与澳大利亚、以色列等相关国家之间的网络安全合作,携手提升网络安全的治理水平。此外,日本也积极加强与东盟等国际组织

① 安静.网络空间面临的多重挑战及西方网络治理经验探讨[J].国外社会科学,2016(4):123-129.

之间的网络安全合作，增加区域的网络安全治理公共物品供给。[①]

国际合作是网络空间治理中不可缺少的一部分，欧盟积极开展国际合作，加强网络空间治理。欧盟成立外交部门欧盟对外行动署(EEAS)，其重要职责之一为开展网络与信息安全及相关的外交工作，并设立专门机构——数字化进程议会，专门对EEAS的网络与信息安全及相关外交工作开展监督与指导。[②] 在学习交流方面，欧盟积极参与各项国际网络安全论坛，包括全球网络安全峰会、网络空间国际会议等。欧盟与国际相关机构紧密联系，在保护未成年人、维护人类尊严、有关信息社会的全球峰会的行动计划及其他行动方面采取联合行动。

① 梁怀新.日本网络安全治理模式及其对中国的启示[J].西南民族大学学报(人文社会科学版)，2019(3):208-213.

② 付凯，陈诗洋，姜宇泽，等.欧盟互联网治理对我国的启示[J].信息通信技术与政策，2018(6):19-22.

第三章

网络空间国际治理模式

一、网络空间国际治理组织

伴随着互联网技术的发展和互联网在全球的普及，互联网成为人类经济社会不断延展的新兴场域，政府、企业和公众开始对互联网资源分配、网络空间人类行为和活动等开展合作治理。在治理过程中，若干组织不断涌现，它们大致可以分为三类：第一类是以互联网研究任务组（IRTF）、互联网工程任务组（IETF）、互联网名称与数字地址分配机构（ICANN）、国际互联网协会（ISOC）为代表的技术机构，这些组织是伴随着互联网的发展而出现的，侧重于对互联网技术架构进行治理；第二类是互联网发展之后新成立的组织，以信息社会世界峰会（WSIS）、联合国互联网治理论坛（IGF）为代表，它们认为无论是政府还是私营部门，抑或是普通民众，所有的利益攸关方都在完全平等的基础上参与到治理进程中来，政府相对于其他行为体并没有特权，它实质上是一种主导权缺位的形态；第三类是政府间国际组织，例如联合国、国际电信联盟（ITU）、世贸组织、上海合作组织、G20等主权国家之间的国际合作组织。

(一)互联网名称与数字地址分配机构

互联网名称与数字地址分配机构(ICANN)成立于1998年10月,主要由国际互联网协会的成员组成,是一个集合了全球网络界商业、技术及学术各领域专家的非营利性国际组织。它主要负责在全球范围内对互联网唯一标识符系统及其安全稳定的运营进行协调,包括互联网协议(IP)地址的空间分配、协议标识符的指派、通用顶级域名(gTLD)、国家和地区顶级域名(ccTLD)系统的管理,以及根服务器系统的管理。从业务范围上来,ICANN是一个面向网络空间国际治理的技术机构,与其他开展网络空间治理的国际组织有显著区别。

ICANN的出现是互联网发展的产物。1998年初,美国商务部发布了Internet域名及地址管理的"绿皮书",认为美国政府有对互联网的直接管理权,因此在它发布后遭到了除美国外几乎所有国家及机构的反对。1998年6月5日,美国政府发布了"绿皮书"的修改稿"白皮书","白皮书"提议在保证稳定性、竞争性、民间协调性和充分代表性的原则下,成立一个民间性质的非营利性国际组织,即ICANN。1998年10月,ICANN正式成立,开始参与管理Internet域名及地址资源的分配。2009年10月2日,该组织获准独立于美国政府之外。2016年10月1日,在延宕一年之后,美国商务部下属机构国家电信和信息管理局把互联网域名管理权完全交给ICANN,两者之间的授权管理合同随之自然失效,不再续签。虽然ICANN独立于美国政府之外,然而它并没有独立于美国法律之外,如ICANN仍然被设立在加利福尼亚州,受到美国法律特别是美国《国家安全法》的管辖,一旦在域名管理中出现争议,负责审理争议的将是美国法院而非国际法庭。

ICANN设立三个支持组织:地址支持组织(ASO),负责IP地址系统的管理;域名支持组织(DNSO),负责互联网上的域名系统(DNS)的管理;协议支持组织(PSO),负责涉及互联网协议的唯一参数的分配。

ICANN 理事会是 ICANN 的核心权力机构，共由 19 位理事组成：9 位 At-Large 理事、9 位来自 ICANN 三个支持组织提名的理事（每个组织 3 位），以及 1 位总裁。

ICANN 董事会下设若干组织，包括政府咨询委员会、地址支持组织、通用名称支持组织、国家代码域名支持组织、一般会员咨询委员会、安全和稳定咨询委员会、根服务器系统咨询委员会、技术联络组。ICANN 的董事会包含来自澳大利亚、巴西、保加利亚、加拿大、中国、法国、德国、加纳、日本、肯尼亚、墨西哥、荷兰、葡萄牙、塞内加尔、西班牙、英国和美国等国家的公民。

从资源分配的合理性视角来看，因为 ICANN 掌握着互联网核心资源的分配权，包括 IP 地址空间的分配、域名的核定等，由它主导的网络空间治理实质上是一种强者更强、弱者更弱的“丛林法则”模式。第一，发达国家拥有更多的技术优势，发展中国家的技术相对落后，处在技术跟跑阶段，发展中国家的利益难以保证。第二，发达国家因经济发展快，对域名的需求更大，而发展中国家因经济发展需要在后期对域名的需求增加。第三，发展中国家在国际组织中几乎没有发言权，也没有任何决策权。

此外，ICANN 主导的网络空间治理无法解决以下难题：首先，从资源分配的合理性问题的视角来看，目前 ICANN 掌握着互联网核心资源的分配权，具有不平等性。以 IP 地址空间分配为例，它是以申请优先为原则，这表面上是先来先到的公平，但实际上这是一种伪公平。有些国家由于国家发展水平不高，对资源重要程度的理解醒悟得比较晚。其次，从计算机应急响应的视角来看，计算机应急响应组织（CERT）是负责处置计算机网络安全事件的组织，为非政府组织，难以解决国家安全问题。国际组织仅仅能够协助受害企业进行简单处置，难以进行溯源、查证的工作，跨国网络犯罪成为法律与监管的盲区。最后，从跨境电子商务的视角来看，联合国国际贸易法委员会（UNCITRAL）为跨国身份管理的法律与规则寻求共识和可行的方案，简单地依赖国际组织是无法解决这一问题的。

（二）联合国互联网治理论坛

尽管很多国家坚持由国际组织来主导国际互联网，但是ICANN难以完全胜任网络空间国际治理的重任。一方面，ICANN的作用仅仅局限在域名、根服务器和IP地址分配这三个领域，它本质上属于一个技术机构，较少涉及经济、公共政策、安全等领域；另一方面，各国客观上几乎都在网络空间行使主权，所有互联网政策的制定和执行都是各国政府根据本国的国情具体操作的。一旦在网络空间中出现了冲突，也只有政府出面才能彻底解决。与ICANN相比，联合国作为一个由主权国家组成的政府间国际组织，能够在网络空间国际治理中发挥更加积极的作用。

国际社会第一次系统地讨论网络空间治理议题始于2003年联合国发起的信息社会世界峰会（WSIS）。2003年12月，WSIS通过了《日内瓦行动计划》，就互联网的管理和政策制定机制达成共识。2005年11月，WSIS设置了互联网治理的议程，提出互联网的国际治理必须是多边的、透明和民主的，首次采取多利益攸关方共同参与的方式，吸引了众多国际组织、非政府组织、民间团体和私营部门广泛参与网络空间治理，会议提出要成立联合国互联网治理论坛（IGF），讨论互联网治理相关的公共政策问题。2006年10月，IGF在希腊雅典开幕，确立了五大议题领域：互联网的开放性、网络安全、互联网的多样性、互联网接入和关键的互联网资源。联合国前秘书长安南在论坛上坚定表示必须治理互联网，提出“全球性治理”概念。

IGF的一个重要创新是于2011年创建了多利益攸关方咨询组（multi-stakeholder advisory group，MAG）。这是一个由联合国秘书长直接任命的专家组，向秘书长就IGF的组织和日程给予建议，一般由55位来自政府、私营企业、民间团体、学术和技术团体的专家组成，由各团体自主推荐人选，除政府代表由各国政府指定外，其他成员每年轮换大约30%的人数。

IGF是WSIS的重大成就之一，其后这种网络空间治理组织形式在世界范围内迅速复制和铺开。除每年一度的全球互联网论坛，每年世界范围内还举办总计超过70个地区性和国家范围的互联网治理论坛，而且还开创了诸如动态联盟(dynamic coalition)、最佳实践分享论坛(best practice forums，BPFs)，为政策制定者提供相关领域的参考文献和资源，比如如何规范和消除不良通信，如何建立计算机安全事件响应团队(computer security incident response team，CSIRT)，如何建立多利益攸关方参与的机制，如何应对网络欺凌和针对女性的网络暴力，如何就IPV6和IXPs制定政策等。[①]

目前联合国互联网治理论坛不再只是一个年度论坛，而是成为一个庞大的全球性生态系统，大家就互联网使用和政策问题在国际、地区和国家层面进行广泛和深入的参与和交流，从而影响和催生互联网政策和实践的结构性变化。在过去十年中，发展中国家在互联网治理论坛中的代表性持续增加，从最早的以发达国家为主到目前基本持平。

(三)世界互联网大会

世界互联网大会是由致力于推动全球互联网发展的相关企业、组织、机构和个人等自愿结成的国际性、行业性、非营利性社会组织。该组织在中国注册，总部位于北京。

2014年11月，世界互联网大会首次在我国浙江乌镇举行。数字时代的发展呼唤世界互联网大会在网络空间治理中发挥更大的作用，国际各方也建议将世界互联网大会打造成国际组织，更好

---

① 胡献红.世界信息社会峰会和全球互联网治理论坛十年回顾与未来展望[J].汕头大学学报(人文社会科学版)，2016(6):69-79.

助力网络空间治理。在此背景下，全球移动通信系统协会、中国国家计算机网络应急技术处理协调中心、中国互联网络信息中心、阿里巴巴(中国)有限公司、深圳市腾讯计算机系统有限公司、浙江之江实验室等六家单位发起，成立了世界互联网大会国际组织。

世界互联网大会成立大会于2022年7月12日在北京举行，它的宗旨是搭建全球互联网共商共建共享平台，推动国际社会顺应数字化、网络化、智能化趋势，共迎安全挑战，共谋发展福祉，携手构建网络空间命运共同体。2023年6月15日，世界互联网大会国际组织第一个代表机构——世界互联网大会浙江办事处正式设立。

世界互联网大会组织架构主要包括会员大会、理事会、秘书处、高级别咨询委员会和专业委员会等。其中，会员大会是最高权力机构，每5年召开一次。理事会是会员大会的执行机构，对会员大会负责。秘书处是大会的常设办事机构，负责开展各项日常工作。世界互联网大会国际组织始于中国、属于世界，是互联网国际大家庭共同的平台，我国作为东道国，一直致力于为国际组织的高水平运转持续提供支持和便利。

二、网络空间国际治理的典型模式

当前网络空间国际治理主要存在多方模式与多边模式两种类型，其中多方模式占据主导地位，而多边模式获得越来越多发展中国家的认同。

(一)多方模式

1.多方模式的发展

多方模式亦称多利益攸关方模式，它倡导由国际非政府组织、互联网企业、技术社群共同参与且实行自下而上的决策模式，同时限制主权国家政府的参与，避免政府将技术之外的分歧带入网络空间治理中。

最早将“多利益攸关方”(multi-stakeholder)概念引入网络空间国际治理的是联合国下属的国际电信联盟(ITU)主导的信息社会世界峰会(WSIS)。2003年12月,WSIS在瑞士日内瓦举行的第一阶段会议上提出“多利益攸关方”的概念和定义,确立了多利益攸关方模式。在2005年11月突尼斯第二阶段会议上,WSIS首次采取多利益攸关方共同参与的方式,吸引了众多国际组织、国际非政府组织、民间团体和私营部门的广泛参与,进一步讨论了如何贯彻落实,以实现在多利益攸关方模式下的全球互联网治理。同样,在互联网治理中扮演重要角色的ICANN一直倡导多利益攸关治理模式,IGF也是这种模式的代表。

多利益攸关方治理就是不同利益主体基于各自定位和角色分工,合作治理网络空间的各类行为及关系的总和。联合国前秘书长安南提出,网络空间治理是政府部门、社会机构和私营部门,基于各自的角色和定位,共享互联网领域的原则、规范、制度,共同推进互联网改革和决策进程的协同治理模式。类似地,美国商务部负责通信和信息的原助理部长劳伦斯·斯特里格林也对多利益攸关方模式进行了界定。他认为,多利益攸关方的进程包括了所有利益相关者的完全参与,在意见一致基础上的决策,以及在开放透明和可靠方式下的执行。多利益攸关方模式促进了网上和网下的表达自由,保证了互联网是包括发展中国家在内的全世界的创新、投资经济发展和创造财富的健康开放平台。

在多利益攸关方模式中,多利益攸关方构成尤为重要。按照多利益攸关方的原理,网络空间治理应该是所有利益相关者共同参与的进程。从地域上看,参与网络空间治理的应该不仅仅是欧美国家,还应该包括亚洲、非洲、拉丁美洲和大洋洲等地区的国家。从发展程度上看,参与网络空间治理的应该不仅仅是发达国家,还应该包括发展中国家。从性别上看,参与网络空间治理应该不仅仅是男性的事,也应该是女性的事。尽管众说纷纭,国际社会在多利益攸关方的主要构成上基本达成一致。2014 年之前的国际组织文件基本上都把参与网络空间治理的多利益攸关方分为四类：政府或政府之间、私人企业或机构、技术社群团体和国际组织等。

多利益攸关方模式是当前网络空间国际治理的主导模式。无论是最早引入多利益攸关方概念的 WSIS，还是经济合作与发展组织、欧洲议会、八国集团首脑会议、联合国教科文组织，以及非洲联盟首脑会议，都明确支持多利益攸关方模式。[①] 美国等西方发达国家极力推崇多利益攸关方模式，实质是为了避免其他主权国家政府直接参与全球网络空间的主权治理。多利益攸关方模式表面上是为非国家群体主导管理网络空间创造条件，但实际上仍是网络强权主导下的超主权模式，因为其中掌握话语权的多利益攸关方都集中在美国等互联网强国手中，很多国际组织很大程度上是这些互联网强国控制网络空间的"代言人"。

2. 多方模式的优势

多方模式在网络空间国际治理中的作用更大是有其历史原因的。

首先，互联网技术起源于美国等发达经济体，它们垄断了互联网技术，是互联网早期发展的主要推动力量，在网络空间国际治理中扮演着重要角色。因此，其推崇的多方模式成为网络空间国际治理的主流。

其次，发达经济体将国际非政府组织、企业、技术社群等作为网络空间治理的主体，与其倡导的"小政府、大社会"理念相契合。在网络空间治理中具有发言权的大企业，大部分来自美国和西方发达国家，如亚马逊、苹果、思科、谷歌、微软等。这种模式强化了互联网强国的优势。

最后，虽然以美国为首的发达经济体依靠所谓"中立"的非政

① 郭良. 聚焦多利益相关方模式：以联合国互联网治理论坛为例[J]. 汕头大学学报(人文社会科学版)，2017(9)：25-35.

府组织治理庞大的网络空间，但是事实上这些国家的政府部门能够对非政府组织和互联网企业施加影响。例如，虽然ICANN独立于美国政府之外，但是它仍按照美国法律被设立在加利福尼亚州，受美国司法管辖，一旦在域名管理中出现争议，负责审理争议的将是美国法院而非国际法庭。因此，ICANN实质上是一个受美国控制的治理组织。

3. 多方模式的局限性

实践表明，多方模式在网络空间国际治理中仍然存在较多局限性，受到不少国家诟病。

第一，多方模式实质上是一种基于“丛林法则”的模式，即强者更强、弱者更弱的模式。发达国家拥有更多的技术优势，发展中国家的技术相对落后，处在技术跟跑阶段，其利益难以保证；发达国家经济发展较快，对域名的需求更大，而发展中国家因经济发展慢而对域名的需求小；发展中国家在国际组织中几乎没有发言权，也没有任何决策权。因此，虽然多利益攸关方概念强调在全球互联网治理过程中所有利益相关者都有同等的权利，但是由于发展中国家本身的能力及掌握的资源有限，话语权只能掌握在发达国家手中。

第二，多方模式无法解决人类社会的公平性问题。以IP地址空间分配为例，ICANN是以申请优先为原则，这表面上是先来先到的公平，但实际上这是一种伪公平。有些国家受限于国家发展水平不高，对互联网资源重要性的理解醒悟得比较晚。

第三，多方模式无法真正协调和解决网络空间安全与风险问题。从计算机应急响应视角来看，负责处置计算机网络安全事件的组织一般都是非政府部门，它们仅仅协助受害企业进行简单处置，难以进行溯源、查证的工作，无法真正解决网络安全问题。又如，联合国主导的IGF仅仅局限于“论坛”的作用，并没有政策制定、政策执行的权限和能力，而这些正是主权国家政府应行使的权力。

第四,多方模式难以解决网络空间的冲突问题。尽管很多国家坚持由国际非政府组织来主导网络空间国际治理,但是各国客观上几乎都在网络空间行使网络空间主权,一旦网络空间出现了冲突,也只有政府出面才能彻底解决。

在这种情况下,尊重各国主权、发挥政府有效协调作用的多边模式拥有更大优势,在网络空间命运共同体理念的指引下创新发展,是网络空间国际治理的重要选择。

(二)多边模式

1.网络空间主权的概念

多边模式离不开网络空间主权的概念。随着网络犯罪、黑客、数据安全、知识产权、个人隐私、网络战争等问题的不断增多,多方模式难以解决上述问题,网络主权的概念开始得到越来越多国家的认可。

网络空间主权是国家主权在位于其领土的信息通信基础设施所承载的网络空间中的自然延伸,即对出现在该空间的信息通信技术活动(针对网络虚拟角色),以及信息通信技术系统本身(针对平台)及其数据(虚拟资产)拥有主权(对数据操作的干预权利)。

在国际政治中,发达国家和发展中国家对于网络空间是否存在国家主权的问题有很大争议。一方面,发达国家以维护"网络自由"为借口,认为网络空间属于"全球公域",所以这些国家打着"人权高于主权"的旗号,自以为是地得出"网络虚拟空间不存在国家主权"的结论。因为"公民的自由和权利神圣不可侵犯",如果承认网络虚拟主权的存在,则意味着国家可对网络空间进行管制,而这在一定程度上会妨碍公民获取信息的自由和权利。另一方面,发展中国家基于自身网络技术、信息通信技术以及计算机技术等欠发达的事实,认为网络虚拟空间是具有主权的,主张需要采取一定措施对网络进行管制。以中国、俄罗斯为代表的发展中国家认为,内容监管也应是网络空间治理的重点之一,主张网络空间主权。

在非洲,有学者注意到新霸权主义在全球化时代也延伸到了网络空间,提出了网络殖民主义观点。即便是美国等西方国家内部,也不乏认同网络空间主权的声音。因此,当前不少国家的政府、国际组织以及技术社群开始重视网络空间主权。

从国际社会网络空间治理的实践来看,不管在理论上存在着多大的分歧,各个主权国家毫无例外地对内通过政治威权致力于建立和完善网络监管的法律和制度体系,对外则通过制定网络安全战略和发展网络空间攻防技术来确立自己国家在网络安全中的主体地位,并通过国际互联网络来加速建构或者重构国家主权的外部性。因此,在当前世界各主权国家的现实条件下,网络空间主权是存在的,而且它理应成为现代国家主权的一个重要组成部分,理应是网络环境下国家主权的自然延伸。

2.多边模式的提出与发展

多边模式是中国、俄罗斯等发展中国家提倡的网络空间治理模式。该模式认为主权国家政府是网络空间的治理主体,在治理过程中应发挥主导作用,它实行的是自上而下的治理机制。随着网络空间问题日益复杂化与多样化,多边模式不断吸收各主体参与治理,但治理中政府的权威角色不会改变。

早在2005年11月,WSIS在突尼斯会议上通过的《信息社会突尼斯议程》就强调,“互联网的管理包含技术和公共政策两个方面的问题”,“涉及互联网的公共政策问题的决策权属于国家主权”。[①] 在联合国框架下,联合国信息安全开放式工作组(OEWG)和联合国信息安全政府专家组(UN GGE)成为制定网络空间国际治理规则的重要机构。[②] 首届联合国信息安全政府专家组于1998年成立,在2010年、2013年、2015年和2021年先后完成四份共识

---

① 郭良.聚焦多利益相关方模式:以联合国互联网治理论坛为例[J].汕头大学学报(人文社会科学版),2017(9):25-35.

② 王晓安.联合国网络空间国际规则制定进程情况[J].北京航空航天大学学报(社会科学版),2021(5):28-29.

性报告，并成为网络空间国际规则制定的重要基础。特别是2015年的报告达成了11条网络空间负责任国家行为规范的共识，并被各国普遍接受，已成为网络空间国家行为的重要规则。而中、俄两国于2019年推动成立联合国信息安全开放式工作组，该工作组是首个所有联合国成员国可以平等参与的网络安全组织，对推进网络空间国际治理具有重要里程碑意义。2020年，第75届联合国大会通过决议，授权设立为期五年(2021—2025年)的联合国信息安全开放式工作组，2021年3月成功完成共识性报告。

欧盟的网络空间治理向来以严格的个人隐私和商业数据监管而闻名，突出对个人数据安全的保护。近年来，欧盟提出“数字主权”与“技术主权”，不断出台新的网络安全战略、法律和政策，强化网络空间数据安全监管。通过统筹各成员国的优势资源，欧盟积极协调各成员国之间存在的差异，统一法律和标准，以数据安全监管为突破口行使网络空间主权。2018年5月，欧盟《通用数据保护条例》正式施行，该条例制定了严格的个人数据保护规则，为欧盟内部数据自由流通和跨域监管提供了法治保障。欧盟网络空间法治体系的立法目的之一在于用自身价值观影响国际网络空间治理，从而塑造网络空间国际规则博弈的话语权。2020年2月，欧盟委员会发布了三份旨在建立和维护欧盟技术主权的网络战略文件，即《塑造欧洲的数字未来》《人工智能白皮书》《欧洲数据战略》，从不同侧面对技术主权进行了阐述，为推动欧盟大数据和人工智能的进一步发展提供了指引。2020年12月，欧盟委员会发布了两份数字立法草案——《数字服务法》和《数字市场法》，旨在更新和提升欧盟在数字经济领域的基本规则，将欧盟数字主权法治推向新高度。此外，欧盟还公布了新的网络安全战略，提出信任和安全是欧盟未来“数字十年”的核心，强化弹性、技术主权和领导力，加强合作以推进建立全球开放的网络空间。[①]

---

① 赵宏瑞，李树明.网络空间国际治理：现状、预判、应对[J].广西社会科学，2021(11)：108-113.

2011年,中国、俄罗斯、塔吉克斯坦和乌兹别克斯坦等四个上海合作组织成员国起草了“信息安全国际行为准则”,旨在加强国际合作以应对信息安全领域的共同挑战。该准则文件作为当年召开的第66届联合国大会会议正式文件散发,国际社会予以了高度重视。2015年1月,上海合作组织成员国向联合国大会提交了“信息安全国际行为准则”更新草案,提倡各国政府应平等参与,以推动建立多边、透明和民主的网络空间国际治理机制。2015年,第70届联合国大会通过《关于从国际安全的角度看信息和电信领域的发展政府专家组的报告》的大会文件,强调了《联合国宪章》和主权原则适用于网络空间的重要性。

此外,中国推动世界互联网大会的制度化建设,积极搭建与世界互联互通的国际平台和国际互联网共享共治的平台,为世界各国密切联系、增进了解、促进互信发挥积极作用。世界互联网大会自2015年提出“网络空间命运共同体”理念以来,一直倡导基于网络主权的多边模式。我国国家主席习近平在第二届世界互联网大会提出“四项原则”“五点主张”,倡导尊重网络主权,倡导构建网络空间命运共同体。其中,“四项原则”包括坚持尊重网络主权、维护和平安全、促进开放合作、构建良好秩序。“五点主张”的内容:加快全球网络基础设施建设,促进互联互通;打造网上文化交流共享平台,促进交流互鉴;推动网络经济创新发展,促进共同繁荣;保障网络安全,促进有序发展;构建互联网治理体系,促进公平正义。

类似地,巴西也曾于2014年召开全球互联网治理会议,推动互联网治理构建可分配、非中心化和多利益攸关的生态系统。全球互联网治理会议的重要成果是成立全球互联网治理联盟,推动各利益相关者共同参与网络空间国际治理。2015年6月,全球互联网治理联盟首次全体理事会在巴西举行,全球互联网治理联盟由巴西互联网指导委员会、世界经济论坛和ICANN共同发起,推动互联网领域政策制定和治理进程。

多边模式并没有完全排斥多利益攸关方在网络空间国际治理

中的作用，只是强调政府在其中要发挥关键性作用。例如，中国在《网络空间国际合作战略》中明确表示，“应发挥政府、国际组织、互联网企业、技术社群、民间团体、公民个人等各主体作用，构建全方位、多层面的治理平台”，强调政府应在网络空间国际治理特别是公共政策和安全中发挥关键主导作用。同时，巴西、印度等国总体上亦强调政府应在网络空间国际治理中扮演关键角色。①

然而，以美国为代表的西方发达国家反对多边模式，特别是在联合国框架下实现网络空间国际治理。这是国家间信息技术发展水平的差距和治理理念的不同造成的。发达国家作为既得利益者，希望维护现有的网络空间国际治理模式，而出于经济社会发展的需要，中国、俄罗斯等新兴经济体希望打破发达国家的垄断，在网络资源分配、网络空间议题设置等方面争取更大的话语权，提出了“网络边界”“网络主权”等概念，并倡导政府主导的网络空间国际治理模式。

三、网络空间国际治理模式的发展

网络空间命运共同体理念强调平等沟通、扩大共识、深化合作，在这一理念指引下，世界各国积极开展网络空间国际合作治理。然而，由于各国经济、社会、文化存在差异，技术发展水平和基础设施完善程度不同，彼此对网络安全的认识和理解也不同，因此网络空间国际治理难以采取单一化治理模式，而动态的级进式国际合作治理模式成为其重要选项。

级进式国际合作治理模式遵循由易到难、由点及面、从低到高逐步递进的原则，治理主体从双边合作治理发展到区域合作治理、进而向全球合作治理的方向演进。该模式在尊重双方主权与安全

① 耿召．政府间国际组织在网络空间规治中的作用：以联合国为例[J]．国际观察，2022(4)：122-156．

需求的前提下，充分考虑治理主体之间在政治体制、经济、社会、文化、技术发展水平等方面的差异性，求同存异，通过合作逐步扩大共识，共同维护网络安全，共享网络发展的成果。

1. 双边合作治理模式

双边合作治理模式是为解决国与国重要网络安全问题而构建的双边合作机制或对话平台。网络空间作为大国关系的延伸场域，其合作的开展是基于国家间的互信建构与利益融合。与现实世界一样，网络大国对互联网有着巨大的需求和利益诉求，彼此间竞争激烈，同时合作动力也较大，因此网络空间国际治理需要大国之间率先建立双边对话和合作平台，构建总体稳定、均衡发展的大国关系框架。虽然各大国的体制、路径、侧重点存在差异，但是在技术发展、风险控制和合作共治等方面存在共识，同时也面临经济或军事活动被非国家行为主体利用的脆弱性，双方具有合作基础。

网络空间国际治理需要大国之间率先建立双边对话和合作平台。网络大国包括美国、中国、俄罗斯、印度等，这些国家的双边合作关系对网络空间国际治理具有重要影响力。纵观大国网络空间合作态势，当前中美呈现全面竞争，美俄表现为地缘政治对抗，美印两国在网络安全和数字经济领域的合作不断强化。

一是中美双边合作治理机制。中美作为经济大国和网络大国，在网络空间既存在冲突又彼此依赖。2015 年 12 月，中美举行首次打击网络犯罪及相关事项高级别联合对话，针对网络安全桌面推演、热线机制、网络安全保护、执法信息交流和能力提升、涉网安全调查等重要议题进行了讨论，草拟了《中美热线机制运作方案》。2016 年 5 月，两国首次就网络空间国家行为规则及其他关键国际安全问题举行高级别专家组会谈，讨论了网络空间规则问题，随后将该级别会谈机制化、常态化，宣布每年举行两次。①

二是中俄双边合作治理机制。中俄两国在维护网络安全的立

① 王桂芳. 中国开展网络空间国际合作的思考[J]. 贵州省党校学报，2018(5)：59-65.

场、观点和利益等方面比较接近，容易达成共识，在网络空间国际规则制定方向和内容方面进行了务实合作。2016 年 6 月，中俄签署《关于协作推进信息网络空间发展的联合声明》，强调尊重信息网络空间国家主权，主张建立稳定的网络安全合作伙伴关系。2018 年 6 月，中俄首脑峰会签署联合声明，强调扩大两国在数字经济方面的交流，提升信息基础设施互联互通水平，深化网络安全领域的互信。

三是中印双边合作治理机制。中印两国建立双边合作机制，在网络安全、打击网络犯罪、数字经济等方面已经展开部分合作。2015 年 11 月，两国决定建立交流合作机制，共同打击跨境网络犯罪、电信诈骗犯罪等。2019 年 1 月，两国启动中印数字化合作机会平台(SIDCOP)，促进两国 IT 企业的对话及项目对接。[①]

此外，中国与英国就网络犯罪、网络反恐等具体议题进行对话，建立起稳定的合作平台，中法、中澳也建立了类似的双边合作平台，通过两两双边合作平台打牢合作基础，并将双边合作成果延及区域合作治理和国际合作平台。

2. 区域合作治理模式

区域合作治理模式是区域性合作组织成员国之间开展网络空间合作的一种治理模式。处于同一区域的许多国家往往拥有相似的文化、政治、经济特点，也面临着一些相似的经济贸易问题，为此它们建立起一个长期而稳定的区域性合作组织来解决上述问题。在信息技术深入应用的背景下，近年来几乎所有的区域性合作组织均关注并设置了网络安全议题。

在网络空间治理领域，区域性合作组织越来越重视网络安全问题，通过成员国协商对话，构建适用于成员国所在地区发展的网络空间规范体系。区域性合作组织在推进网络空间治理中的作用

---

① 关培凤，畅爽. 中印网络空间合作：现状与前景[J]. 印度洋经济体研究，2023(4)：79-93，153-154.

主要体现在两个方面。[①] 一方面，改善成员国数字产业发展不平衡状况。针对安全、发展和环境等全球治理议题，在全球性国际组织无法提供有效解决方案的情况下，区域性合作组织可以发挥一定作用。当前除了欧盟成员国中发达国家占据多数之外，其他各类区域性合作组织成员普遍为发展中国家，且绝大多数为中小国家，数字产业规模较小且技术落后，国内网络法规也不成熟。因此，由区域性合作组织构建网络空间规范成为成员国的共同期待。另一方面，推动全球性网络空间规范的形成。由于全球性国际组织涉及的利益攸关方过于广泛，它们制定的国际规范往往是各方妥协的结果，对具体国家的适用性有限。区域性合作组织参与网络空间治理使得这一跨国议题的范围从全球缩小到区域层面，其构建的网络空间规范与其成员国发展现状、区域环境更加适配。

由于区域性合作组织成员具有很多共同特征，成员间互信程度较高，容易构建网络空间国际合作机制，因此区域国际合作治理是当前网络空间国际合作的一种可行模式。当前，发达国家形成了大小不一的区域国际合作治理机制，如美日印澳四国成立的所谓四方安全对话机制，在增进军事系统与数据情报合作、共建5G通信系统与网络协同、联手禁用中方应用软件等方面大力合作。[②] 对于许多发展中国家而言，区域合作治理模式也是一项重要的网络空间国际合作治理机制。例如，东盟国家在新加坡的主导下，在网络空间国际合作取得积极成效。一方面，在打击网络犯罪、推进网络安全规则形成、构建技术标准等方面成效显著；另一方面，形成东盟电信和信息技术部长会议、东盟数字部长会议、东盟网络安全部长级会议、东盟地区论坛等多种对话协商机制。又如，拉美国家加强网络空间国际合作机制，实施“拉美地区信息社会行动计

---

① 耿召．区域组织视角下东盟网络空间规范构建与国际合作[J]．东南亚研究，2022(5)：56-78，155-156．

② 张力，常睿哲，梁刚．“四方安全对话”机制的网络空间安全合作及其影响[J]．国际关系研究，2022(1)：81-98，157．

划”,每年定期举办互联网治理论坛,并建立地区性互联网治理议程等。[①]

我国也与许多发展中国家建立了区域国际合作治理机制,依托上海合作组织和金砖国家框架,与许多国家加强网络安全合作,提升网络空间的国际话语权。第一,建立上海合作组织的区域合作治理机制。2015 年 1 月,上海合作组织成员国向联合国提交“信息安全国际行为准则”更新草案。从 2016 年开始,上海合作组织峰会连续三年呼吁成员国继续深化打击网络犯罪和网络恐怖主义合作,同时,上海合作组织国家信息安全专家组还就制定联合国打击网络犯罪公约进行了持续讨论。第二,建立金砖国家的区域合作治理机制。金砖国家的网络空间国际合作范围不断拓展,从早期的打击网络犯罪、实现 IT 技术安全、加强隐私保护,逐步向网络安全规则制定、社群参与、资源管控等方面延伸,后期还设立数字金砖工作组、合建创新中心、技术企业孵化器和企业网络等机构,推出智库研讨会、数字经济研讨会、网络安全工作组以及 IT 技术合作工作组等合作机制。[②] 第三,建立中国与东盟的区域合作治理机制。从 2006 年起,中国开始作为对话伙伴,与东盟举行中国-东盟电信和信息技术部长会议,双方在网络空间规则构建的协作上呈现出多议题、宽领域合作的态势,围绕网络安全政策协调、数字监管、打击网络犯罪等议题开展密切对话。中国提出的《全球数据安全倡议》得到东盟的高度重视,将数据跨境流动的中国方案嵌入区域全面经济伙伴关系协定并被东盟所接受。在网络标准制定方面,双方设立中国-东盟国际标准化合作论坛、中国-东盟信息港论坛,建立中国-东盟(华为)人工智能创新中心、中国-东盟区域协同创新中心等技术创新中心,助力“数字丝绸之路”建设。此外,

---

① 赵重阳.从全球治理的角度看拉美地区网络空间治理及中拉合作[J].拉丁美洲研究,2020(6):48-61.

② 刘昱.基于第二个“金色十年”背景下的金砖国家网络空间治理合作探究[J].信息安全与通信保密,2021(3):38-44.

中国持续推进与欧盟和阿拉伯国家联盟等组织的合作，针对网络犯罪、网络反恐等问题，由对话到协商再到合作，取得不同程度的进展。

3. 全球合作治理模式

面向全球的多边模式仍然是网络空间国际合作治理的理想模式，它在更广大的范围进行对话协商并寻求达成普遍共识。在多边模式下，以联合国等国际组织主导的全球合作治理模式是解决网络空间冲突、保护网络空间安全的有效路径。作为最具代表性的国际组织，联合国在维护网络空间安全的部分领域取得了重要成果。在网络空间命运共同体理念中，网络主权是多边合作治理的前提，因此多边模式需要提高各国政府的参与权重。主权国家政府作为国民利益最重要的代表者与捍卫者，在网络空间合作治理中发挥着主体作用。将网络空间治理决策权视作国家主权的一部分，是维护公平正义、践行平等自由较为有效的方式。中国、俄罗斯、塔吉克斯坦、乌兹别克斯坦等国提交至联合国的"信息安全国际行为准则"也提及：与互联网有关的公共政策问题的决策权是各国的主权。①

2015 年 7 月，联合国信息通信领域发展政府专家组正式提交了《关于从国际安全角度看信息和电信领域的发展政府专家组报告》，确立了网络主权适用原则、保证网络空间和平发展原则、填平网络空间数字鸿沟原则、打击网络犯罪和网络恐怖主义原则等，得到了联合国大多数成员国的认可。此外，联合国还在保护关键信息基础设施、促进发展中国家数字经济发展、缩小数字鸿沟、打击网络恐怖主义等方面发挥了重要作用。

① 匡文波，方圆. 网络空间命运共同体理念下的全球互联网治理体系变革[J]. 武汉大学学报(哲学社会科学版)，2023(5)：38-46.

第四章

网络空间基础设施国际治理

一、网络空间基础设施概述

从通俗意义上以最简单的方式来讲“网络空间”，人们普遍认为：服务器、域名和网站是互联网的基础设施，它们紧密相连，共同构成了我们所熟知的网络空间。要让你的网站在网络空间被大众所访问，除了需要一个域名作为标识外，还需要一个地方来存放你的所有文件，这个地方就是服务器。随着科技的飞速发展，互联网的构成也日趋复杂。如今，网站、网站程序、IP地址、域名、DNS域名解释、服务器和数据库等多个部分共同组成了互联网。这些基础设施的不断发展和完善，为互联网的发展提供了坚实的基础。

同时，除了通俗意义上所说的服务器、域名和网站三者之外，根服务器虽然较三者而言是低一层级的要素，但因为其具有十分核心的功能职责，成为最受瞩目、讨论最多的网络空间基础设施。根服务器是相对于普遍常见的服务器而言的，是全世界网络中的基础服务器；它也是将域名、DNS域名解释、服务器这几个部分的功能职责串联起来的“互联网域名根服务器”，负责管理全球的域名体系和IP地址等。

此外,从查证对比的角度来看,"网络空间"与"互联网"是极为近似的表述,其不同在于二者的外延范围略有大小之分。因此可以说,"网络空间基础设施"与"互联网基础设施"的使用异曲同工。虽然在当前,学术界与实务界没有过多地直接使用"网络空间基础设施",但其具体内容可从"互联网基础设施"的定义窥见一斑,以作核验。"互联网基础设施"定义的探究可追溯到较早时期,联合国互联网治理工作组(WGIG)于2005年给出的有关"互联网关键资源"的内容:互联网治理的内容包括互联网关键资源、互联网安全、确保使用互联网促进发展等。互联网关键资源主要包括三类:一是根服务器、根区文件和根区文件系统,它们共同支撑着域名解析服务器的运转;二是包括海底光缆-电缆、互联网交换节点等在内的互联网骨干设备;三是包括域名、IP地址、顶级域名等在内的软性资源。其中,对第一类关键资源的管辖是国际互联网治理的根基。[①] 因此可以说,根服务器和域名是互联网关键资源(互联网基础设施)的核心要素[②③],也是网络空间基础设施的应有之义。

由此,基于上述综合分析,如图4-1所示,本章以网站、IP地址、根服务器、域名、服务器这五个主要内容绘制网络空间基础设施示意图,并在行文中着重对其中相对更为重要的两个内容(互联网域名、根服务器)进行深入的研究梳理。同时,为开宗明义,也为后面的具体研究先行回答好"是什么"的问题,对其中关键概念简要阐述如下。

(1)网站是使用HTML等工具在因特网上制作的特定内容集合,以展示相关网页。通过网页浏览器,人们可以轻松访问网站,获取所需资讯或服务。

(2)IP地址是一种用于标识网络和主机的统一地址格式,也

---

① 郎平.国际互联网治理:挑战与应对[J].国际经济评论,2016(2):127-141.

② 罗昕,蔡雨婷.全球互联网治理规则制定的分布格局与中国进路[J].现代传播(中国传媒大学学报),2022(3):68-75.

③ 罗昕.全球互联网治理:模式变迁、关键挑战与中国进路[J].社会科学战线,2017(4):176-188.

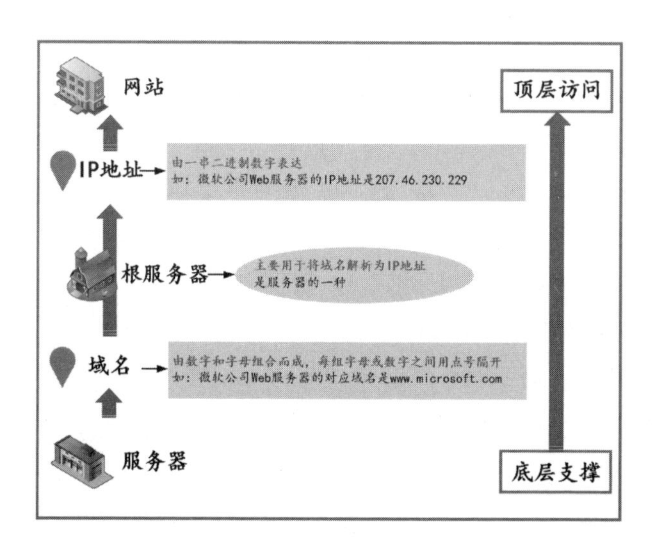

图 4-1 网络空间基础设施示意图

称互联网协议地址(internet protocol address)，它由一串二进制数字表达。作为互联网协议的一部分，其主要用于在互联网上或本地网络中以唯一地址定位每台设备，IPv4(一种互联网协议)使用 32 位地址，IPv6(一种新生版本的互联网协议)使用 128 位地址。

(3)根服务器是指域名系统(DNS)中最高层级的服务器，也称根域名服务器、域名根服务器、DNS 根服务器等。其用于存储管理全球范围内的顶级域名服务器信息。其主要功能是维护顶级域名的权威数据库，用于将域名解析为 IP 地址。

(4)域名是用于标示和识别互联网上某个网站的名称，也称互联网域名、域名地址、网域等。它由数字和字母组合而成，每组字母或数字之间用点号隔开。例如，百度的域名是“www.baidu.com”，其中“www”指代网站服务器的主机名，“baidu”是域名的名称，而“com”是域名的顶级域名。

(5)服务器是互联网上存储数据和程序的重要设施。[1] 其是

---

① 网站域名和云服务器：构建互联网世界的基石[EB/OL].[2024-04-22]. http://www.coocloud.cn/news/5669.html.

一种计算机系统、一种特殊的计算机，它在网络中为其他客户机（如PC机、智能手机、ATM等终端）提供计算或应用服务。

（6）域名系统（DNS）是互联网的一项服务，负责“管理”域名和IP地址的对应关系。它作为将域名和IP地址相互映射的一个分布式数据库，能够使人更方便地访问互联网，能够将一个IP地址关联到一组有意义的字符上去。用户访问一个网站的时候，既可以输入该网站的IP地址，又可以输入其域名，对访问而言，两者是等价的。域名由DNS管理，DNS将域名转换为IP地址，允许网络上的服务器进行相应的通信。

二、互联网域名治理

（一）互联网域名

1. 互联网域名及其分配

互联网域名，也称域名、域名地址、网域等，是互联网上某一台计算机或计算机组的名称，用于在数据传输时标识计算机的定位，由一串用点分隔的名字组成。

一个域名一般由根域名、顶级域名（一级域名）、二级域名及子域名（三级域名）构成，且级别越高的域名排序越靠后，或者说越在右侧。一个可用的域名至少包含顶级域名（一级域名）和二级域名，一般二级域名以后的均为三级域名或者称为二级域名的子域名，且三级域名的长度不能超过20个字符（也有的继续细分为三级域名、四级域名、五级域名等）。

进一步地讲，互联网域名的划分与分配具体如下。

（1）根域名以“.”来表示。

（2）顶级域名（一级域名）常见的包括“.com”“.cn”“.org”等。其一般分为两类。

一是国家与地区顶级域名（ccTLD），目前200多个国家和地区都按照ISO 3166国家/地区代码分配了顶级域名，如中国是cn，美国是us，日本是jp等。

二是国际通用顶级域名(generic top-level domain，gTLD)。其中“.com”表示工商企业，“.net”表示网络服务提供商，“.org”表示非营利性组织。为了解决“.com”域名资源紧张的问题，在原来三个国际通用顶级域名的基础上新增加了七个国际通用顶级域名，即firm(企业)、store(销售企业)、web(突出www活动的单位)、arts(突出文化、娱乐活动的单位)、rec(突出消遣、娱乐活动的单位)、info(提供信息服务的单位)、nom(个人)。

(3)二级域名通常是自定义的，用于区分不同的网站或服务，一般是指域名注册人的网上名称，如ibm、baidu等。

(4)子域名(三级域名)则用于进一步细分网站内的不同部分或服务，通常来说都是免费的。

2. 互联网域名与IP地址

互联网域名与IP地址是紧密关联但迥然不同的两个概念。尽管IP地址能够以唯一地址标识网络上的计算机，但IP地址是一长串数字，不直观、不方便记忆，并且不能显示地址组织的名称和性质，于是人们又发明了另一套字符型的地址方案，即所谓的域名地址，并通过DNS来将域名和IP地址相互对应，使人更方便地访问互联网，而不用去记住能够被机器直接读取的IP地址数串。

域名和IP地址一一对应，域名地址的信息存放在一个DNS的主机内，使用者只需了解易记的域名地址，其对应转换工作就留给了域名服务器。

3. 互联网域名的有关脉络与现状

1985年1月1日(不排除注册日期被重置的可能)，域名史上第一个域名nordu.net被注册。

1985年3月15日，Symbolics公司注册了历史上第一个“.com”域名。当时域名注册刚刚兴起，申请者寥寥无几。

1993年，互联网上出现了www协议，域名开始受到关注。

1993年，NSI公司与美国政府签下5年合同，独家代理“.com”“.net”“.org”三个国际顶级域名注册权。当时的域名总共才7000个左右。

1994年，NSI公司开始向每个域名收取100美元注册费，两年后每年收取50美元的管理费。

1997年7月1日，作为美国政府“全球电子商务体系”管理政策的一部分，克林顿总统委托美国商务部对域名系统实施民间化和引入竞争机制，并促进国际的参与。1997年7月2日，美国商务部发布了面向公众征集方案和评价的邀请，对美国政府在域名管理中的角色、域名系统的总体结构、新顶级域名的增加，以及对注册机构的政策和商标事务的问题征集各方意见。

1998年初，NSI公司已注册域名120多万个，其中90%使用“.com”后缀。

1998年1月30日，美国商务部在其网站正式公布了《域名技术管理改进草案（讨论稿）》。这项由克林顿总统的互联网政策顾问麦格日那主持完成的“绿皮书”，总结了在域名问题上的四个基本原则，在这些原则下，“绿皮书”提出组建一个非营利性国际组织接管域名的管理权，并在1998年9月30日前将美国政府的域名管理职能交给这个组织，并要求最迟在2000年9月30日前顺利完成所有管理角色的移交。

1998年6月，克林顿政府发表一份“白皮书”，建议由非营利性国际组织接管政府的域名管理职能。这份报告没有说明该组织的资金来源，但规定了一些指导原则，并建议组建一个非营利性国际组织。

1998年9月30日，美国政府终止了与NSI公司之间的合同。双方的一项现有协议将延期两年，即至2000年9月30日。根据该协议，NSI公司将与其他企业一道承接互联网顶级域名的登记工作。NSI公司与美国商务部国家电信和信息管理局于1999年3

月31开始分阶段启动共享登记系统，至1999年6月1日完全实施。

1998年10月，互联网名称与数字地址分配机构（ICANN）组建成立，它是一个非营利性的互联网管理组织。它与美国政府签订协议，接管了原先互联网号码分配局（IANA）的职责，负责监视与互联网域名和地址有关的政策和协议，而政府则采取不干预政策。

2011年6月20日，ICANN在新加坡举行的会议上正式通过新顶级域名批案，任何企业、机构都有权向其申请新的顶级域名。2012年，全球新通用顶级域名第一次开放申请，美国获批1000余个，中国获批46个（占比3%）。在4个月的窗口期中，ICANN共收到近2000个申请，诞生了1249个新通用顶级域名。

2018年7月20日，我国工业和信息化部批复，同意百度在线网络技术（北京）有限公司成为“. baidu”顶级域名的域名注册管理机构，负责运行、维护和管理“. baidu”顶级域名服务器。

2020年1月，百度公司表示，中文用户最常使用的“百度搜索”将全面支持中文域名。

截至2023年12月，第53次《中国互联网络发展状况统计报告》显示：IPv6地址数量为68042块/32；国家顶级域名“. cn”数量为2013万个。①

（二）国际互联网域名治理

1. 国际互联网域名治理体系

与互联网域名的分级分类相对应，国际互联网域名治理体系同样具备层次化的结构。②

① 中国互联网络信息中心. 第53次《中国互联网络发展状况统计报告》[EB/OL]. [2024-05-17]. https://www.cnnic.net.cn/n4/2024/0322/c88-10964.html.

② 刘越. 互联网关键资源治理机制运行特点及演进展望[EB/OL]. [2024-06-11]. https://www.secrss.com/articles/65958.

ICANN处于全球域名治理体系的核心(顶层)位置,也是互联网域名治理领域最重要的国际制度维护者。ICANN成立于1998年10月,是一个集合了全球网络界商业、技术及学术各领域专家的非营利性国际组织,负责在全球范围内对互联网唯一标识符系统及其安全稳定的运营进行协调,包括互联网协议(IP)地址的空间分配、协议标识符的指派、国际通用顶级域名(gTLD)以及国家和地区顶级域名(ccTLD)系统的管理、根服务器系统的管理,并接受全球社群的监督与问责。只有经过ICANN董事会批准并写入根区的顶级域名才能进行全球解析。

ICANN对于ccTLD和gTLD的管理方式并不相同。ccTLD由国际标准化组织分配的两个字母的国家/地区代码组成,对应于一个国家、地区或其他地理位置[①],在一定程度上,ccTLD被认为是国家在网络空间的领土。[②] 因此,ccTLD在注册、注册服务商委任方面的政策均按照各国或地区内相关的监管机制进行管理,ICANN不会介入。占全球域名注册市场60%以上规模的gTLD则主要由ICANN进行管理。gTLD域名注册管理机构和gTLD域名注册服务机构都需要获得ICANN的资质认证并与ICANN签订注册管理(服务)机构协议才能开展管理和服务工作。相比于ICANN,注册管理机构的职能更有技术性,可以直接对域名系统进行更改,如添加或删除域名。

除了ICANN以外,全球还成立了五个主要由ccTLD域名注册管理机构组成的本区域顶级域名组织[③],包括管理北美、南极洲和部分加勒比地区事务的美洲互联网号码注册管理机构(ARIN),管理欧洲、中东和中亚地区事务的欧洲IP网络资源协调

---

① 杨永红.从域名领土看网络空间主权的边界[J].学术界,2023(10):37-59.

② Uerpmann-Wittzack R. Principles of International Internet Law[J]. German Law Journal,2010,11(11):1245-1263.

③ 刘越.互联网关键资源治理机制运行特点及演进展望[EB/OL].[2024-06-11]. https://www.secrss.com/articles/65958.

中心(RIPE NCC),管理亚洲和太平洋地区事务的亚太网络信息中心(APNIC),管理拉丁美洲和部分加勒比地区事务的拉丁美洲及加勒比地区互联网地址注册管理机构(LACNIC),以及管理非洲事务的非洲网络信息中心(AFRINIC)。根据ICANN的规定,ICANN将部分IP地址分配给这些区域互联网注册管理机构(RIR),再由这些RIR负责该地区的登记注册服务。

各国政府均建立各自的域名管理制度,并积极参与国际域名管理政策制定。各个国家和地区互联网行业主管部门一般可根据本国法律法规规定,对本国和地区域名行业实施监督管理。此外,这些主管部门还有权通过参与ICANN下属的政府间咨询委员会(GAC),为国际域名管理政策制定提供建议。具体而言,与ccTLD有关的决策,包括对ccTLD运营机构的选择等,由各国家和地区自行制定。gTLD和ccTLD域名注册管理机构可分别通过ICANN下属的通用域名支持组织(GNSO)、国家和地区域名支持组织(ccNSO)等参与全球域名管理和政策制定。

2. 国际互联网域名治理体系的特征

国际互联网域名治理体系展现出了其独特而鲜明的特征,这些特征不仅彰显了其全球性的治理结构和产业生态,也预示了未来网络空间国际治理的趋势和挑战。

一是多利益攸关方模式。自2016年互联网号码分配局的职能由美国政府移交给ICANN以来,国际互联网域名治理体系已经形成了以ICANN为核心平台的多利益攸关方模式。ICANN由互联网多方利益群体代表构成,除了董事会和三个支持组织(SO)外,还包括四个咨询委员会(AC),分别是包含世界各地大多数国家政府机构代表的政府咨询委员会(GAC)、包含各个区域性一般会员组织的一般会员咨询委员会(ALAC)、为根服务器系统运行提供建议的根服务器系统咨询委员会(RSSAC)和由互联网安全专家组成的安全与稳定咨询委员会(SSAC),其组成涵盖专家、企业、非政府组织、国家代表、学者和个人。各利益方从自身利益和需求出发对 ICANN 的运作和全球域名管理提出建议。

二是开放竞争的产业生态。20 世纪 80 年代起，私人资本的涌入推动了互联网技术向商业领域转变。1991 年，互联网全面开放商业应用，尤其是万维网的普及，使其成为通信和商业的重要平台。在此过程中，域名从单纯的网络资源转化为具有商业价值的内容标识，作为一种公共资源进行市场化发展，进而诞生了一个全新的域名产业。[①] 近年来，域名产业快速发展，吸引大量参与者的同时，域名相关服务也逐渐完善。截至 2022 年 12 月，全球域名注册市场规模约为 3.63 亿个，gTLD 域名注册管理机构和域名注册服务机构已经遍及北美、欧洲、亚太、南美和非洲的 80 余个国家和地区，获得 ICANN 批准的域名注册管理机构达到 511 家。值得注意的是，由于在技术和管理上的领先和主导地位，美国在域名产业同样占据绝对优势。美国是全球域名注册量最高的国家，其注册量是第二名（中国）的三倍以上。[②]

在地缘政治冲突越发激烈、信息技术飞速发展的当下，域名等互联网关键资源的分配管理和基础设施的可靠运行成为国际社会关注的焦点，将会对多方模式和开放产业生态提出挑战，进一步考验以 ICANN 为核心的国际互联网域名管理体系的中立性和独立性。

（三）中国互联网域名治理

自 30 年前全功能接入国际互联网，成为全球互联网的第 77 个成员以来，2024 年中国“.cn”域名保有量已达到 2013 万个，连续九年位居全球第一。我国已经构建了一个全面覆盖域名注册管

---

① 李晓东，刘金河，付伟. 互联网发展新阶段与基础资源全球治理体系变革[J]. 汕头大学学报（人文社会科学版），2021(8)：35-45，95.

② 中国信通院. 互联网域名产业发展报告（2023 年）[EB/OL]. [2024-04-19]. https://baijiahao.baidu.com/s? id=1779450241905775512&wfr=spider&for=pc.

理机构管理、域名注册服务机构服务、域名审核、域名争议解决等多方面的互联网域名管理制度体系。①

1997 年 5 月，国务院信息化工作领导小组办公室发布《中国互联网络域名注册暂行管理办法》，初步建立了在中国境内注册域名的管理制度，明确了域名注册的申请、审批、变更和注销等环节的基本规则。同年 6 月，成立中国互联网络信息中心（CNNIC），负责包括域名在内的国家网络基础资源的运行管理和服务。与非营利性国际组织 ICANN 不同，CNNIC 是我国工业和信息化部的直属事业单位，行使国家互联网络信息中心的职责，对域名的管理和罚则的要求更具体、更苛刻，以确保国内的域名秩序稳定。② 中国已基本形成了“管理机构-注册管理机构-注册服务机构”的域名市场三级服务结构。

2002 年，信息产业部连续出台了《中国互联网络域名管理办法》《关于中国互联网络域名体系的公告》等文件，简化了域名注册手续，并允许用户在顶级域名“.cn”下直接注册二级域名，实现了对国家域名管理政策的“松绑”③，“.cn”域名注册量也因此出现了爆发式增长。

受 2009 年我国实施域名实名制政策的影响，“.cn”域名保有量经历了短暂的下降。而随着 2012 年 ICANN 开放了新 gTLD 申请，中国域名市场再次迎来了域名注册量增长期。2012 年 5 月，CNNIC 发布《中国互联网络信息中心域名注册实施细则》。2017 年 8 月，工业和信息化部发布了《互联网域名管理办法》，明

---

① 中国互联网络信息中心. 人民邮电报：以“稳”守基，国家域名运营服务为我国互联网发展保驾护航[EB/OL]. [2024-05-11]. https://mp.weixin.qq.com/s?__biz=MjM5MzQ1ODQyMQ==&mid=2650505367&idx=1&sn=5448a386ebf1498d137fffe0e97cd0a6&chksm=bf70c62d1b22459a17d0621324afc1eeaea9bb0acdc978de7935f70ca18112d6958ae6720d5b&scene=27.

② 谢新洲，李佳伦. 中国互联网内容管理宏观政策与基本制度发展简史[J]. 信息资源管理学报，2019(3)：41-53.

③ 许泽玮，苏毅. 中国域名产业发展史话[J]. 互联网经济，2017(1)：90-97.

确了域名注册管理机构和域名注册服务机构的设立条件，并对其服务标准和电信管理机构的监督检查制度进行了规定。值得一提的是，该办法强调了中文域名是中国互联网域名体系的重要组成部分，并鼓励和支持中文域名系统的技术研究和推广使用。截至2024年6月，在国内开展注册业务的中国顶级域名已经达到32个，中文域名不仅是中国互联网基础资源的重要部分，也是推动全球互联网域名向着更多元、更丰富的多语种方向发展的中国力量。[①]

此后，国务院办公厅于2018年8月发布《国务院办公厅关于加强政府网站域名管理的通知》，健全政府网站域名管理体制，进一步规范政府网站域名结构，加强域名安全防护及检测处置工作。2022年，国务院新闻办公室发布《携手构建网络空间命运共同体》白皮书，强调我国将会面向全球用户提供不间断的、稳定的国家域名解析服务，在域名规则制定以及域名争议解决领域开展广泛合作，并主张保障各国使用互联网基础资源的可用性和可靠性，让包括域名系统在内的互联网核心资源技术系统更加安全、稳定和富有韧性。

三、根服务器治理

根服务器治理是指世界各国围绕根服务器发展建设及管理权归属，开展合作和竞争的一系列治理行为。根服务器治理的发展历程可分为技术专家治理、ICANN治理和全球共治三个时期。根服务器治理的国际合作与竞争主要围绕“根镜像服务器”的建设和以“雪人计划”为代表的IPv6根服务器建设展开。

---

① 中国互联网络信息中心. 以“.cn”强基 引领我国互联网基础资源跨越式发展[EB/OL].[2024-08-14]. https://mp.weixin.qq.com/s/CgwFxYm9nLe40TfcGejy2w.

(一)根服务器及其治理

根服务器是相对通常所言的“服务器”概念而来的,它是全世界网络中的基础服务器,其承担的身份属性简而言之就是将域名、DNS 域名解释、服务器这几个部分的功能职责串联起来。

根服务器和一般意义的普通服务器(如通用服务器、功能服务器等)在网络技术中都扮演着重要的角色,但它们服务于不同的功能和目的。

普通服务器是一种计算机硬件和软件系统,通常具有较高的处理能力、较大的内存和存储容量,以便能够同时处理多个客户端的请求,可以处理来自客户端的请求包括文件共享、应用程序访问、数据存储和检索、网络服务等。普通服务器在网络中为其他客户机提供资源、数据、存储、计算或应用服务,如其他计算机/PC 机(通常称为客户端)、智能手机、ATM 等终端甚至是火车系统等大型设备。

根服务器也称根域名服务器,是指互联网 DNS 中最高层级的服务器,它存储了所有顶级域名(如“. com”“. org”等)的域名服务器的地址,主要用来管理互联网的主目录。换言之,根服务器是整个互联网命名系统的“指南针”。根服务器是 DNS 的核心组件,其最重要的功能是将域名正确解析为 IP 地址,负责管理顶级域名的 DNS 信息,维护顶级域名的权威数据库。

如果将人类神经系统比作互联网系统,负责接收刺激的“末端神经”就是网页或网址,负责将刺激信息转化、传输的“神经中枢”就是普通服务器,而负责统筹全局、存储信息的“大脑”就是根服务器。

根服务器最早基于 IPv4,全球只有 13 台(这 13 台 IPv4 根服务器名字分别为“A”至“M”)。2015 年,在与现有 IPv4 根服务器体系架构充分兼容的基础上,由中国下一代互联网工程中心领衔发起,联合 WIDE 机构(现国际互联网 M 根运营者)等的“雪人计划”正式发布。2016年,“雪人计划”在全球多个国家完成了25台IPv6根服务器的架设。目前,全球的根服务器分布在事实上形成了13台原有根加25台IPv6根的新格局,为建立多边、透明的国际互联网治理体系打下了坚实基础。其中,中国部署了4台,由1台主根服务器和3台辅根服务器组成,打破了中国过去没有根服务器的困境。

(二)根服务器治理的发展历程

根服务器治理的发展历程可依据治理主体的不同划分为技术专家治理、ICANN治理和全球共治三个时期。其中,前两个时期历时长久,且其治理主体背后都有美国政府的影子,而全球共治目前仍处于积极探索阶段。

第一,技术专家治理时期。该时期从阿帕网诞生开始,到1998年互联网根域名管理权风波结束。互联网的前身是美国军方开发的军用系统阿帕网。阿帕网最初共有四个节点,于1969年12月5日正式联网,且这四个节点分布在美国西海岸的四所高校内。加利福尼亚大学洛杉矶分校主机是阿帕网的第一个节点,领导者是伦纳德·克莱因洛克。在他组织的40人研究团队中,有一位名叫乔恩·波斯特尔的学生在1969年12月5日阿帕网四个节点正式联网之日前,一直是互联网数字地址的实际分配者,被称为“数字凯撒”“互联网之神”。但随着阿帕网正式投入民用,美国政府或多或少开始干预互联网数字地址分配。尽管乔恩·波斯特尔那时在名义上仍拥有分配权,但并不能完全独立自主地对互联网数字地址进行自由分配。1998年,“数字凯撒”乔恩·波斯特尔试图使根服务器彻底摆脱美国政府的影响,凭借一己之力掀起了一场互联网根域名管理权风波。这场风波最终以失败结束,造成了“美国的东海岸胜过了西海岸”的局面。根服务器的控制权彻底从美国西海岸的技术权威转向为美国东海岸的政治权威,且所有根服务器均由美国政府授权的ICANN统一管理。

第二,ICANN治理时期。该时期是从1998年美国政府授权ICANN统一管理根服务器开始,到2015年“雪人计划”发起结束。在此时期,全球共有13台根服务器(IPv4),包括1个主根服务器和12个辅根服务器。13个根服务器中有10个在美国、2个在欧洲的英国和瑞典、1个在亚洲的日本,如表4-1所示。美国政府于1998年开始借助ICANN统一管理全球的13台根服务器,ICANN成为全球根服务器的名义管理者和实际业务执行者。2013年“斯诺登事件”的爆发,让美国国家安全局监控全球的行径曝光,引起世界各国公愤。美国政府被迫于2014年宣布其商务部下属的国家电信和信息管理局与ICANN将于2015年9月30日后不再续签外包合作协议,这意味着美国将移交对ICANN的管理权。但ICANN所享有的权利直到今天也并没有脱离美国政府的监管,互联网A主根服务器的运营管理权及其对12个辅根服务器的分发控制权,只是由ICANN转包给美国政府的信息技术承包商威瑞信公司,继续由这家公司担任根区维护者。为应对美国对根服务器分配权的控制,世界各国开始尝试探索一种全新的全球共治模式,“雪人计划”于2015年应运而生。

表4-1 全球根服务器分布

名字	全球共13个根服务器,其中10个在美国			其他3个在欧洲与亚洲
	5个在美国 弗吉尼亚州	2个在美国 马里兰州	3个在美国 加利福尼亚州	2个在欧洲、 1个在亚洲
A	含A主根服务器 在威瑞信公司			
B			B根在南加州大学 信息科学研究所	
C	C根在PSLNeT公司			

续表

名字	全球共13个根服务器,其中10个在美国			其他3个在欧洲与亚洲
	5个在美国弗吉尼亚州	2个在美国马里兰州	3个在美国加利福尼亚州	2个在欧洲、1个在亚洲
D		D根在马里兰大学		
E			E根在美国国家航空航天局	
F			F根在互联网软件联盟	
G	G根在美国国防部网络信息中心			
H		H根在美国陆军研究所		
I				I根在瑞典斯德哥尔摩
J	J根在威瑞信公司			
K				K根在英国伦敦
L	L根在ICANN			
M				M根在日本东京

第三,全球共治时期。该时期是从2015年“雪人计划”被提出至今。由于具有更多地址数量、更小路由表、更好安全性等优点的IPv6技术逐渐成熟,同时为应对美国对于根服务器管理权的垄断,2015年6月,在ICANN第53届会议上,由中国下一代互联网工程中心领衔,联合WIDE机构(现国际互联网M根运营者),以及互联网名人堂入选者保罗·维克西博士等全球组织和个人共同发起的“雪人计划”正式对外发布。2016年,“雪人计划”在美国、日本、印度、俄罗斯、德国、法国等全球多个国家完成了25台IPv6根服务器的架设,其中1台主根和3台辅根部署在中国(表4-2)。

表 4-2 “雪人计划”IPv6 根服务器全球分布情况

国家	中国	美国	日本	印度	法国	德国	俄罗斯	意大利	西班牙	奥地利	智利	南非	澳大利亚	瑞士	荷兰	小计
主根服务器	1	1	1	0	0	0	0	0	0	0	0	0	0	0	0	3
辅根服务器	3	2	0	3	3	2	1	1	1	1	1	1	1	1	1	22

（三）根服务器治理的国际合作与竞争

根服务器治理的国际合作与竞争贯穿了上述三个时期。在2013年“斯诺登事件”发生前，由于美国的技术垄断，世界各国更偏向于合作而非竞争。在2013年后，世界各国开始更加积极且广泛地开展合作治理，并尝试与美国在根服务器治理领域展开竞争，具有典型性的项目分别是“根镜像服务器”和“雪人计划”。

其一，“根镜像服务器”。为有效缓解本国没有根服务器所致的互联网发展困境，世界各国开始与美国合作建设“根镜像服务器”。恰如其名，“根镜像服务器”能够像镜子一样反射现有的基于IPv4的根服务器，包含对根服务器中任何经过加工处理的信息，能够做到实时同步更新。不过，即便是申请“根镜像服务器”，同样需要ICANN的审批，征得其同意之后才是各国政府职能部门的审批。“根镜像服务器”只能够同步根服务器的数据，不能对根服务器的数据进行更改和新建。简单来说，它只是根服务器的数据备份，仅能缓解根服务器的运行压力，提升各国境外网站的访问速度。到目前为止，全球“根镜像服务器”的数量超过1100个，而在中国就有10个。此外，由于我国互联网的主要流量是境内访问，境外流量相对较少，根据服务器的工作原理，只要本地服务器记录了相关信息，就不会去向根服务器查询，即便美国断开我国互联网与根服务器的连接，也不会影响本地的网络应用，只不过会产生海外网站无法访问的问题。

其二,"雪人计划"。由于长期存在的打破美国垄断根服务器的战略需求和IPv6技术的逐渐成熟,"雪人计划"成为世界各国的新选择。"雪人计划"由我国主导,旨在打破现有IPv4的13个根服务器的数量限制,克服根服务器在拓展性、安全性等技术方面的缺陷,制定更完善的下一代互联网根服务器运营规则,为在全球部署下一代互联网根服务器做准备。[①] "雪人计划"的目的并不在于完全改变国际互联网的运营模式,而在于为真正实现全球互联网的多边共治提供一种解决方案。"雪人计划"通过联合全球机构来做测试和试运营,扫清技术上的障碍,不仅可以争取到更多的支持者,还能推动包括互联网工程任务组(IETF)在内的相应的标准化进展。[②] 此外,"雪人计划"虽然有望令世界各国摆脱美国在互联网的诸多限制,但也仅仅是一个契机,并不绝对。虽然IPv6根服务器打破了美国对于互联网根服务器的垄断,但是并不意味着美国会放弃IPv4根服务器的优势地位。只能说是通过相当长的一个阶段,完成IPv4至IPv6的转化之后,中国的主导地位才能够逐渐显现,其中也不排除美国为了维护自身地位而采取干扰手段。[③]

---

① 郑先伟.CERNET应急响应组2007年5月报告ARP欺骗是首要威胁[J].中国教育网络,2007(7):41.

② 童华章.SOA整合校园服务[J].中国教育网络,2009(8):18-19.

③ 极客谈科技.镜像域名根服务器≠域名根服务器!中国互联网的契机在于IPv6![EB/OL].[2024-05-09].https://baijiahao.baidu.com/s?id=1659304581732565658&wfr=spider&for=pc,2020.

第五章

网络空间数据治理

伴随着互联网技术的发展，人们的生活、学习以及工作方式发生了巨大变化，人们的现实社会空间和网络空间日益融为一体，密不可分。人们通过互联网进行社交、购物等活动，在这个过程中每个人都产生了大量的数据，数据将每个人联系在一起。作为“21世纪的石油”，数据资源正在被广泛地应用在各个领域，数据有着不可估量的价值。然而，在各组织使用数据时，用户隐私问题也随之产生，更优质的服务和隐私泄露之间冲突不断。诸如商家通过历史消费数据就可以推测出消费者的行为意图，提供个性化服务，消费者应该有权利决定什么样的数据可以被收集、分析和使用，夺回对自身数据的控制权。

数据所有权归属的界定是数据治理的前提与基础。数据所有权归属极其复杂，数据在产生以及再生的过程中涉及太多的利益相关者，每个利益相关者都有充分的理由认定自己对数据拥有所有权，所以需要一系列完整的法律规范作为支撑。例如，由于数据在网络中流通的便捷性、流通过程的复杂性，以及现阶段监管力度不够，用户的数据被企业任意使用、交易和转让。在企业汇集大量用户数据后，经过分析处理又可以产生新价值，仅仅是区分原始数据和衍生价值的所有权就存在极大的困难。本章通过对数据所有权进行区分，希望厘清归属问题，为数据治理尤其是在数据所有权和数据保护方面提出相对有效的法律建议。

一、概念界定

在区分数据所有权之前我们必须厘清相关名词，只有这样才能在数据产生和再生的各个阶段有可能区分数据所属。通过查阅相关的文献，我们发现在讨论数据所有权时出现了一些相关术语，其中某些术语的定义有重合或类似的部分。以下我们将对个人数据、数据主体、数据生产者以及数据所有者进行概念界定。

（一）个人数据（personal data）

经济合作与发展组织（OECD）发布的《关于保护隐私和个人数据跨国界流动的准则》指出，个人数据是指与已识别或可识别的个人（数据主体）有关的任何信息。1984 年，英国出台的《数据保护法》规定，个人数据是由一个活着的人的信息组成的数据，对于这个人，可以通过该信息（或者通过数据用户拥有的该信息的其他信息）识别出来，该信息包括对有关该个人的评价。《德国联邦数据保护法》规定，个人数据是指关于个人或已识别、能识别的个人（数据主体）的客观情况的信息。2018 年，欧盟出台的《通用数据保护条例》（简称 GDPR）中，个人数据是指任何指向一个已识别或可识别的自然人（数据主体）相关的信息。该可识别的自然人能够被直接或间接识别，尤其是通过参照诸如姓名、身份编号、家庭地址、在线身份识别这类标识，或者是通过参照针对该自然人的一个或多个（如物理、生理、遗传、心理、经济、文化或社会身份等）要素。

（二）数据主体（data subject）

1984 年，英国出台的《数据保护法》规定，数据主体是其个人信息被作为数据加以收集的自然人，即数据主体是数据所针对的对象。2018 年，欧盟出台的《通用数据保护条例》规定，数据主体是指其个人资料被收集、持有或处理的任何人。个人数据可以指个人的姓名、家庭住址或个人在社交媒体平台上发布的帖子等任何内容。因此,任何人在某个时候都会成为一个数据主体,无论他们是在申请工作、预订航班、使用信用卡还是只是浏览网页,他们都会公开一些个人数据。个人数据可以识别出的自然人就是数据主体。数据主体应该具有知情权、访问权、更正权、可携权、删除权、限制处理权、反对权和自动化个人决策相关权利。

(三)数据生产者(data productor)

数据生产者是指产生数据信息的机构和个人。数据生产者的权利应该有以下特征:该权利将创造对"非个人或匿名机器生成数据"的快速物权(即可强制执行的产权);该权利包括独家使用某些数据的权利,以及一套可对独立于合同关系的任何一方强制执行的权利,从而防止无权使用数据的第三方进一步使用数据;该权利有权要求未经授权访问和使用数据的损害赔偿。凡是能生产出数据的个人或机构都是数据生产者,如:在社交媒体平台上,个人用户发布了自己的博客,软件开发商收集用户数据推出了个性化服务;在智慧城市中,政府和公共组织利用大数据管理城市各项事务时产生了大量的数据。综上,个人用户、软件开发商、政府和公共组织都是数据生产者。

(四)数据所有者(data owner)

数据所有者是指产生数据并将数据交给网络服务提供商管理的个人或组织。数据所有者能够授权、拒绝他人或机构访问自己的某些数据,并对其准确性、完整性和及时性负责。在目前的数据时代,数据的所有权和控制权大多数情况下是分离的。而数据所有者应该拥有对数据的控制权,在数据被收集、处理和使用时可以控制数据的流动,从而保护自身权益。同时,数据所有者应该具有删除、访问和更改数据的权利,更重要的是数据所有者应该有选择退出数据流动阶段的权利。从法律上讲,数据所有者应该是权责一致的,在拥有权利的同时要履行应尽的义务。为了使个人数据体现出更高的价值,数据共享是一个不可逆转的趋势,数据所有者应该积极参与数据的共享。在产生数据时要保证数据的真实性。目前没有一个国家对数据所有者有明确的定义,这涉及多种复杂的主体,区分哪个主体是真正的数据所有者是一个至今没能解决的世界性难题。

二、流动过程中数据所有权界定困境

近年来数据价值迅速上升,快速扩张的数据经济引发了"谁"拥有数据以及数据"所有权"需要什么等问题。在众多数据中,元数据是访问和使用互联网资源的关键。在任何情况下,控制元数据的人可以控制下游数据的使用,因而在市场中,元数据成了一种赚钱的资本。基于此,本章数据所有权讨论的重点是元数据的数据所有权。

企业纷纷争夺数据所有权以保证自己在竞争中获利。随着数据经济的快速扩张,每个国家都试图对"数据"赋予法律上的界定。数据从产生到使用经过了无数道分析和处理,在这个过程中数据所有权归属划分极其复杂和困难。我们按照数据流动过程以试图判断每个阶段数据的真正拥有者和数据所有权问题。

Douilhet 等人认为数据从原始状态到被应用,其处理周期主要分为四个阶段:收集、处理、挖掘和使用。[①] 许多学者认为原始数据没有价值,如 Al-Khouri 等人认为数据的价值呈金字塔状,原

① Douilhet E, Karanasiou A P. Legal Responses to the Commodification of Personal Data in the Era of Big Data: The Paradigm Shift from Data Protection towards Data Ownership[M]// Effective Big Data Management and Opportunities for Implementation. Hershey: IGI Global, 2016.

始数据没有价值，经过分析处理之后的数据才有价值。[①] 由于处理和挖掘都是对原始数据进行分析，并产生新数据的过程，因此我们将数据流动过程分为三个阶段：收集、分析、使用。在收集数据阶段，企业等机构通过直接从个人自身或间接地分析其他数据等多种方式收集原始数据。在分析数据阶段，企业等机构运用计算机技术对原始数据进行分析，加入了本企业的智慧和劳动，形成众多有商业价值的数据，其中包括原始数据衍生出的新数据，还包括企业生成的有产权性质的数据。在使用数据阶段，通过利用前两个阶段的数据以及其他可利用的方法，从数据中提取价值。

价值链(value chain)的概念最初由迈克尔·波特于 1985 年提出。起初，迈克尔·波特所指的价值链主要是针对垂直一体化企业的，强调单个企业的竞争优势。随着国际外包业务的发展，迈克尔·波特于 1998 年进一步提出了价值体系(value system)的概念，将研究视角扩展到不同企业之间。此后，价值链分析被应用于更大规模的连续活动。数据价值链是在大数据和私营部门的背景下讨论的，在私营部门，原始数据被发现、吸收、处理、存储、分析，并最终被组织用来增加价值。数据通过这些流动环节产生更大的价值。数据流动图(图 5-1)清晰地展示了数据流动的路径。

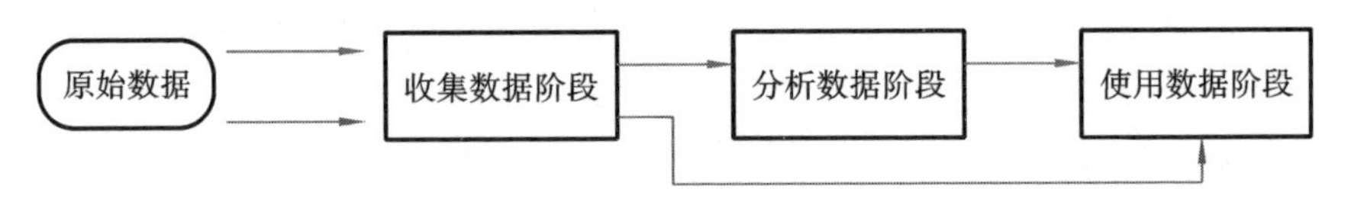

图 5-1　数据流动图

由于数据在每个阶段都会产生巨大的价值，而且在每个阶段涉及的相关主体也是错综复杂的，为了探讨数据价值的归属，我们将原始数据到数据产品的制作路径分为两种。第一条路径是原始数据被收集然后进行分析，形成新数据，最后被应用到产品之中。

---

① Al-Khouri A M. Data Ownership: Who Owns "My Data"[J]. International Journal of Information Technology, 2012(1): 1-8.

第二条路径是原始数据被收集之后直接被应用于产品之中。以下我们从三个阶段来探究数据所有权问题。

(一)收集数据阶段

现阶段,人们在使用智能设备(如谷歌眼镜)时会产生大量的数据,这些数据无时无刻不在被收集。人们在使用谷歌眼镜时,设备收集了大量的数据,在众多数据中收集到的他人影像以及其他数据的所有权该归属哪一方呢? 2012 年,谷歌开发出了谷歌眼镜,它是一款穿戴式智能眼镜,集智能手机、GPS、相机于一身。用户只需眨眨眼就可以完成拍照上传、查询等动作,还可以用自己的声音控制实时摄像、视频通话等功能。这款眼镜最特别的宣传点在于它可以实时地采集信息,从而为用户提供个性化的服务。然而和其他可穿戴式智能设备一样,很多人对谷歌眼镜带来的隐私方面的风险感到担忧,它的摄像和录音功能会直接记录周围事物以及路人的数据。谷歌眼镜确实提高了一些用户的工作效率,但是它也遭到了一些人的抵制。部分饭店和电影院用禁止消费者佩戴谷歌眼镜的方法来保护该空间内的数据不被收集,但是其他数据还是可以被收集。下面我们将讨论在收集数据阶段的数据所有权问题。

现阶段,大多数企业通过同意协议的方式来收集用户的原始数据。网站的条款和条件及隐私政策,部分目的是告知用户他们与数据收集商的关系及其性质,这是让用户能够同意收集数据的基本要素。[①] 数据所有者与数据使用者签订合同,禁止向第三者分发或者再使用数据,但是本合同不可限制非签署人的第三方。也就是说,一旦数据公开,数据所有者就不能用法律手段强制行使自己的权利。[②] 数据主体对自己的数据有着不可置疑的权利。

---

① Al-Khouri A M. Data Ownership: Who Owns "My Data"? [J]. International Journal of Information Technology,2012(1):1-8.

② Scassa T. Data Ownership[EB/OL].[2024-08-14]. https://www.cigionline.org/publications/data－ownership/.

《通用数据保护条例》并没有赋予数据主体全部的所有权,只是赋予了某些特定的权利,包括在没有法律依据的情况下不能进行数据处理的权利。例如,"知情同意书"、查阅、被遗忘的权利和数据可携性的权利。《通用数据保护条例》规定了访问个人数据的权利,即可以接收关于收集和存储哪些数据的信息。此外,它还授予了明确的擦除权,即"被遗忘权"。[①]《数据保护指令》为个人数据建立了一系列的相关权利,如:数据主体有权在处理其个人数据时获得通知;个人可以访问他们自己的数据。[②]

学者们试图从不同的角度来解释数据所有权的最终归属问题。一些学者从知识产权的角度来讨论数据所有权的归属问题。Hart 认为数据所有权类似于财产权,可以用相关产权法律和理论来处理数据所有权问题。所有权主要包括拥有和使用的一切权利,有权控制所拥有物品的使用,不受他人干涉,对所拥有的一切保持控制的权利。[③] Seppälä 等人认为在有限的时间范围内,知识产权可以确定如何在活动中使用数据所有者拥有的权利。[④] 其中,版权属于知识产权中的一种产权制度。要获得版权形式的法律保护,必须满足原创性和创造性的要求。Kauffman 等人认为版权不适合保护数据。[⑤] 版权法并不保护设备产生的数据,其所述数据不是"原始的",也不是由"作者"创建的。版权法提供的保护

---

① Farkas T. Data Created by the Internet of Things: The New Gold without Ownership[J]. Revista La Propiedad Inmaterial,2017,23:5-17.

② Douilhet E,Karanasiou A P. Legal Responses to the Commodification of Personal Data in the Era of Big Data: The Paradigm Shift from Data Protection towards Data Ownership[M]// Effective Big Data Management and Opportunities for Implementation. Hershey: IGI Glòbal, 2016.

③ Hart D. Ownership as an Issue in Data and Information Sharing: A Philosophically Based Review[J]. Australasian Journal of Information Systems,2002(1):23-29.

④ Seppälä T,Juhanko J,Mattila J. Data Ownership and Governance-Finnish Law Perspective[R]. Helsinki: The Research Institute of the Finnish Economy,2018.

⑤ Kauffman M E, Soares M N. New Technologies and Data Ownership: Wearables and the Erosion of Personality Rights[J]. Revista Direitos Sociais e Políticas Públicas (UNIFAFIBE), 2018,6(1):512-538.

和长期保护“似乎过于广泛，无法保护自动生成的数据”。资料保护法旨在保护因处理个人资料而受到损害的个人隐私权，这限制了保护的范围，只包括某些数据，即个人数据和敏感数据。[①] 一些学者认为可以用隐私法来保障数据所有者的权利。美国的《家庭教育权和隐私权法案》(简称 FERPA)将“与学生直接相关”和“由教育机构维护”的数据定义为教育记录。无论是“有目的”的创建还是简单的数据挖掘，如果数据是可识别个人身份的，学生都有相关的法律权利和合理的理由要求享有所有权。[②] 还有一些学者认为数据库权利和商业秘密保护法也可以处理数据所有权问题。例如，Duch-Brown 等人认为数据库权利和商业秘密保护法保护数据收集者(通常是企业)。《通用数据保护条例》事实上(而非法律上)将个人数据的财产权转让给了数据收集者，在数据经济中，这往往导致交换协议，即收集者向数据当事人提供所要求的报酬，以换取准许收集有关当事人的个人数据。从经济学角度看，既然法律并没有指明或拒绝某一主体拥有个人数据的权利，那么数据收集商仍是个人数据剩余权利的实际拥有人。[③]

(二)分析数据阶段

在分析数据阶段，用户隐私和企业等组织提供的服务存在着强烈的冲突，如何界定在分析数据阶段数据的种类以及数据所有权是极其复杂的过程。在大数据背景下，企业通过数据分析精准投放个性化广告已经是企业重要的营销战略。原始数据在分析阶

---

① Farkas T. Data Created by the Internet of Things: The New Gold without Ownership[J]. Revista La Propiedad Inmaterial, 2017, 23: 5-17.

② Jones K, Thomson J, Arnold K. Questions of Data Ownership on Campus[J]. Educause Review, 2014: 1-10.

③ Duch-Brown N, Martens B, Mueller-Langer F. The Economics of Ownership, Access and Trade in Digital Data[EB/OL]. [2024-06-09]. https://www.tse-fr.eu/sites/default/files/TSE/documents/conf/Digitalforum2017/final_agenda_the_economics_of_data_ownership_access_and_trade.pdf.

段进入企业或政府机关的数据库。运用计算机技术将单独的数据重新排列组合成新的数据集,单个数据的价值从不同的数据集中体现出来。在这个阶段,数据的争夺更加激烈,所有权的划分也更加困难。企业等组织通过无数的数据集分析不同用户的特征和需求,从而向每个用户精准投放个性化广告来激发用户潜在的消费需求和欲望。2018年,数据分析公司剑桥分析获得了Facebook(现名Meta)数千万用户的数据,并进行违规滥用。剑桥分析作为一家大数据分析企业,将大数据技术和心理测量学用于企业的营销,通过分析用户的心理和行为来精准投放个性化广告,借此达到帮助总统候选人赢得选票的目的。企业在众多数据中找到数据的价值,获得巨大的利润,而作为数据的提供者(如用户)却没有分享数据价值红利的机会。

在本章中,我们只讨论在分析数据阶段企业或组织通过技术和劳动生成的新数据。由于在分析数据阶段企业或组织可能付出了其智慧和劳动,因此会形成众多有商业价值的数据。比如,谷歌和Facebook平台上的数据可能包括技术性的数据,但也包括在社交媒体平台上发布的个人信息。对企业的数据所有权进行界定的首要前提是数据收集过程合法,如果企业的数据收集过程不合法,那就根本无从谈及企业的数据所有权问题。针对数据收集的合法性,美国的《个人隐私与国家信息基础结构》规定了个体数据收集的基本原则:告知和许可。如果大数据企业只进行形式上的汇编、排序等编辑,没有产生新的价值,那么大数据企业只有数据的汇编权,只有付出额外劳动,对现有资料和信息进行整理以体现出独创性,才能获取法律上相应的经济权利。企业重新组合分析数据,利用数据创造出新的价值,为企业赢利,这便符合知识产权法。

在法律方面,许多国家并没有把数据的绝对所有权判定给具体的主体,但清晰地说明了数据主体的各种权利。比较健全的处理数据安全事件的法律之一是《通用数据保护条例》,在该条例中使用了"controller"和"processor"等词语，避免使用"owner"等词语。[1] 数据既然可以被交易，就意味着它的所有者享有生成数据的财产权。而在分析数据阶段，数据主体仿佛退出了数据交易，数据主体的原始数据被分析处理之后，成为企业或者组织数据的一部分。所有数据的纠纷似乎都是企业或组织需要考虑的问题，但是每一次数据安全事件的发生都威胁着数据主体的隐私和安全。企业利用数据获得了利润和市场竞争优势，然而真正提供数据的数据主体却没享受到回报，反而遭受着隐私安全问题的影响。这种现象急切需要解决方案，数据所有权归属明晰既可以使数据主体获得保护，又可以让数据被充分利用起来。

由于在分析数据阶段数据所有权难以区分，有的学者就认为可以从数据控制的角度来考虑数据所有权。社交媒体网站可能会声称，消费者仍然是其在网站上发布的数据的所有者，有些网站甚至可能向消费者提供下载其个人账户中所有数据的权利，从这个意义上说，用户可以控制自己的数据。然而，大多数网站同时要求消费者向网站提供不可撤销的许可证，以便使用为获得进一步的服务和产品所需提供的数据。[2] Scassa 认为数据保护的同意模型是为了让个人在一定程度上控制自己的数据。例如，在欧盟发布的《通用数据保护条例》的影响下，关于数据可移植性的发展似乎也倾向于准所有权。个人有权访问和纠正自己的个人信息，但这些权利并不包括所有权。[3] 数据所有权从某种角度上来讲类似于财产权，一旦有了实际产权交易，数据所有者就有权利获得交易利

---

① Douilhet E，Karanasiou A P. Legal Responses to the Commodification of Personal Data in the Era of Big Data：The Paradigm Shift from Data Protection towards Data Ownership[M]//Effective Big Data Management and Opportunities for Implementation. Hershey：IGI Global，2016.

② Rosner G. Who Owns Your Data? [C]//Proceedings of the 2014 ACM International Joint Conference on Pervasive and Ubiquitous Computing：Adjunct Publication. New York：ACM，2014.

③ Scassa T. Data Ownership. [EB/OL]. [2024-08-14]. https://www.cigionline.org/publications/data－ownership/.

润。承认了数据所有权至少可以明确交易过程中的产权问题。我们可以认为数据主体在这个阶段仍然是部分数据的所有者，当人们使用借记卡在网站购物时，分析数据在很大程度上取决于原始数据和数据收集者之间的关系。借记卡信息的使用受发卡人协议的约束，由网站收集的数据受其隐私政策限制，一些数据的分析工作都是在协议的基础上完成的。但是Rosner认为企业是具有数据所有权的，数据库权利和版权法保护企业的合法权益，但并不保护数据本身。[①]

（三）使用数据阶段

在使用数据阶段，本章讨论的重点是经过收集和分析数据之后，企业或组织直接使用之前的数据成果创造更大的价值。2016年杭州市政府、阿里巴巴集团以及其他企业启动了“杭州城市大脑”项目，用大数据帮助政府更好地管理城市。以城市交通为例，无数城市交通管理数据、公共服务数据、运营商数据、互联网数据将被集中输入“杭州城市大脑”。在拥有数据资源后，“杭州城市大脑”将依托超大规模计算平台、数据采集系统、数据交换中心、开放算法平台、数据应用平台五大系统，在虚拟数字城市中构建算法模型，计算出更便捷的交通治堵方案。Batty将城市数据定义为总是标记在时空上的城市的数据，这类数据主要是通过传感器自动和例行产生并传输的，城市中常见的大数据主要有智能手机的数据、公共交通智能卡数据、车辆交通数据以及其他的城市数据。[②]许多城市数据通常由个人数据的持有者通过公私伙伴关系提供，一部分城市数据是由公众提供的，体现了“自下而上”的数据生成

---

① Rosner G. Who Owns Your Data? [C]//Proceedings of the 2014 ACM International Joint Conference on Pervasive and Ubiquitous Computing: Adjunct Publication. New York: ACM, 2014.

② Batty M. Big Data, Smart Cities and City Planning[J]. Dialogues in Human Geography, 2013 (3):274-279.

过程[①],还有一部分城市数据是通过地理定位等设备自动生成的。“杭州城市大脑”对交通数据运用的目的是解决城市交通遇到的各种管理难题。但是企业和政府在合作使用城市数据时,关于是否保证了数据所有权的归属这个问题我们无法去验证。数据在被使用时能否确定数据所有权的归属、怎么界定使用数据阶段的数据所有权是我们接下来要讨论的问题。

我们从数据流动的前两个阶段可知,目前学者尝试使用知识产权、数据库权利、商业秘密保护法、数据保护条例以及隐私保护法来确定和保护数据所有权,而目前的法律制度,如传统的民法产权和现有的知识产权制度,没有充分保护这些数据。考虑到现有的法律也许不能完全解决数据所有权的归属问题,一些学者提出了我们是否需要一种保护数据本身的新型产权的疑问。创造新的产权主要有两个理由:一是通过数据产生的经济激励来解决公共利益问题,二是促进数据的使用和交易。但是,Farkas 认为创建一个新的权利是十分困难的。此外,新法律又能否帮助解决数据的相关问题呢?它能否在保护数据与扩大投资、自由访问数据之间取得恰当的平衡呢?新法律应该如何设计呢?这些都是在创建新的权利之前需要考虑的问题。[②] 而目前中国像绝大多数国家一样,未制定专门的数据所有权法。Douilhet 等人也认为没有任何经济理由在数据中采用新的专有权,这甚至可能妨碍数据驱动经济的运作。制定专门的数据所有权法有必要确定保护的主体和范围,从而提出了如何定义“数据”一词等复杂问题。此外,立法机关还必须确定权利持有人的应享权利和具体权利。这将带来相当大的挑战,尤其是当不同的利益相关者可能有资格成为潜在的权利

---

① Liu X,Song Y,Wu K,et al. Understanding Urban China with Open Data[J]. Cities,2015,47:53-61.

② Farkas T. Data Created by the Internet of Things: The New Gold without Ownership[J]. Revista La Propiedad Inmaterial,2017,23:5-17.

持有人时。因此,很难平衡受这些权利影响的各方的利益,也很难界定保护的范围。[①] 事实上,许多新的商业模式依赖于利用数据,但是正在收集的数据数量巨大,市场失灵并不在意料之中,因而一部新法律似乎也无法解决任何实际问题。[②] 此外,数据可以复制,也不会以任何方式破坏原始文件的完整性。由于这种复制行为一般不会产生直接的、事实上的消极后果,因此这种复制行为需要通过合同加以禁止,或通过强制性法律加以禁止。[③]

在数据流动周期的每个阶段,谁拥有数据都有待讨论。各利益相关者急于找到合理的索赔标准以及法律依据,虽然在很大程度上,这是一个棘手而又复杂的难题,但不管从哪一方的利益来看待,这个问题都是值得探讨且迫切需要解决的。

三、应用领域中数据所有权界定困境

通过前面的介绍我们可以了解到现阶段数据所有权问题的复杂程度。接下来我们将从车联网、社交媒体、医疗、教育,以及政府开放数据等典型领域来具体阐述目前在各个领域中不同学者对数据所有权的见解。

(一)车联网领域的数据所有权

计算机技术和设备连接在一起形成各种不同的数据。车联网中存在的数据不仅有数据主体生成的数据,还有设备创建的数据,

---

① Douilhet E,Karanasiou A P. Legal Responses to the Commodification of Personal Data in the Era of Big Data:The Paradigm Shift from Data Protection towards Data Ownership[M]// Effective Big Data Management and Opportunities for Implementation. Hershey:IGI Global, 2016.

② Farkas T. Data Created by the Internet of Things:The New Gold without Ownership[J]. Revista La Propiedad Inmaterial,2017,23:5-17.

③ Jones K,Thomson J,Arnold K. Questions of data ownership on campus[J]. Educause Review, 2014:1-10.

谁拥有由设备创建的数据？谁拥有汽车收集的与交通资料、道路情况、驾驶行为等有关的资料？是汽车的主人、汽车的实际使用者、汽车的制造商、通信设备的制造商、导航服务提供商、道路建设机构，还是政府呢？[①] 现有法律并没有对设备创建的数据的所有权和其他相关问题进行详细的解释。[②]

我们将这些数据分为个人数据和非个人数据。对于个人数据，从知识产权方面可以认为数据主体是数据的所有者。但是非个人数据不适用于现有的法律。一是版权法并不保护设备创建的数据，这些数据不是由"作者"创建的，版权法保护的数据极其有限。二是数据库权利是为了保护政府或企业对数据库的投资，仅仅用数据库权利来保护非个人数据是远远不够的。有学者认为商业秘密保护法不能明确数据所有权的问题，当用户可以自由访问数据时，这些数据就已经不属于商业秘密了。这就进一步引发了对于一个问题的讨论，即是否需要制定一项数据专有权保护法。在德国，民法和刑法都被用来支持和反对数据的准财产权。在英国，法院认为应该由议会通过有关数字资产的新法律。[③] 目前，在欧盟立法或判例中没有明确的数据产权界定。但是在现阶段，Farkas 认为不需要制定一项新的法律。同时，Kerber 等人也认为大多数设备创建的数据不存在排他性产权，建立新的数据知识产权是不合理的。[④] 目前对于在车联网服务中生成的数据来说，最好是各利益攸关方依据有许可证的合同来使用这些数据。

---

① Kerber W, Frank J S. Data Governance Regimes in the Digital Economy: The Example of Connected Cars[J]. SSRN Electronic Journal, 2017(1).

② Farkas T. Data Created by the Internet of Things: The New Gold without Ownership[J]. Revista La Propiedad Inmaterial, 2017, 23: 5-17.

③ Kauffman M E, Soares M N. New Technologies and Data Ownership: Wearables and the Erosion of Personality Rights[J]. Revista Direitos Sociais e Políticas Públicas (UNIFAFIBE), 2018, 6(1): 512-538.

④ Kerber W, Frank J S. Data Governance Regimes in the Digital Economy: The Example of Connected Cars[J]. SSRN Electronic Journal, 2017(1).

(二)社交媒体领域的数据所有权

每个用户在社交媒体平台中上传自己的信息,会产生大量个人数据,从而也引发社交媒体领域的数据所有权与控制权的讨论。社交媒体平台为用户提供了更多的互动、交流和参与的机会。Facebook(现名 Meta)、Twitter(现名 X)以及微博等社交媒体平台广受用户欢迎,在这些社交媒体平台中,用户的行为是实时的、随机的,用户发布帖子分享自己的心情、感受。一条帖子的内容具有很大的主观性,可能是一条超链接,也可能是关于别人的信息,还可能是一则新闻。判定这些数据到底归谁所有是非常困难的事情。大多数社交媒体平台的隐私声明中都会宣称用户拥有与其生成的所有数据相关的权利,但与此同时这些社交媒体平台也会要求用户向其公开自己的数据以便于平台推送个性化服务。

发布在用户账号上的数据传递的内容通常并不只属于账号的所有者。例如,文档可以由多人共同编写,多个用户可能出现在同一幅图片中。目前,用户在他们的账号上发布数据,企业一般会承认这些数据由账号所有者拥有。发起者是最初发布数据的用户,所有者是社交网络中与发起者共享所有权特权并保持对社交账号进行控制的用户。欧盟的《通用数据保护条例》和加拿大的《个人信息保护和电子文件法》虽然都没有对数据主体是否拥有绝对的数据所有权作出明确的规定,但是至少肯定并且保护数据主体拥有数据的权利。我国《信息安全技术　个人信息安全规范》(GB/T 35273—2020)强调个人信息收集的合法性、最小化、授权同意等内容,并要求数据收集和使用时必须获得数据主体的明示同意,同时明确规定数据主体有要求删除数据的权利。

(三)医疗领域的数据所有权

医疗数据是众多数据中比较特别的一种数据。病人数据的使用必须遵循安全谨慎的原则,目前存在着病人数据泄露的巨大风险。本着更好地保护病人数据的出发点，接下来我们讨论医疗数据的归属问题。

有观点认为，病人的信息应该由公众共同拥有和管理；也有观点认为，病人应该掌握自己的信息。[①] 在美国的大多数州，相关法律将病人的医疗记录视为医生和医院拥有的财产，但允许病人和保险公司查阅。然而，这些法律并没有赋予医生或医院对病人数据的专有权。私人机构不应限制病人和公众查阅资料，以免损害病人和公众的利益。在西方国家，财产权确实具有很强的基础性地位，这表明，在阐明病人的立场以及保护病人信息的权利方面，如果有一个强有力的补偿，成效将会很明显。[②] 所有国家都承认保密是病人的权利，一些学者主张明确界定医疗信息的产权，给予病人以货币化的方式获取和控制数据的权利。[③]《通用数据保护条例》明确表明，个人信息的处理除非有具体立法的规定，否则必须得到数据主体的明示同意。[④] 它还规定，数据主体有权要求管理人员查阅、改正或删除该数据主体的个人信息、限制处理该数据主体的个人信息、反对处理该数据主体的信息，以及要求数据可携性。确保病人个人信息的隐私和安全至关重要，然而，法律承认信息的私有制一定程度上限制了公共使用。2003 年，美国的《医疗保险可携性和责任法修正案》允许受保护的实体与医疗保健相关企业共享病人数据，并共享不被公开披露的病人个人身份数据。此外，一些国家的法律要求医院向政府当局报送某些传染病和其他与公共卫生和安全有关的医疗信息，医疗保险部门要求医院报

① Koskinen J, Kimppa K K. An Unclear Question: Who Owns Patient Information? [M]// Technology and Intimacy: Choice or Coercion. Switzerland: Springer, Cham, 2016.

② Koskinen J, Kimppa K K. An Unclear Question: Who Owns Patient Information? [M]// Technology and Intimacy: Choice or Coercion. Switzerland: Springer, Cham, 2016.

③ Kaplan B. How Should Health Data be Used?: Privacy, Secondary Use, and Big Data Sales[J]. Cambridge Quarterly of Healthcare Ethics, 2016, 25(2): 312-329.

④ Simpson A C. On Privacy and Public Data: A Study of Data. gov. uk[J]. Journal of Privacy and Confidentiality, 2011, 3(1): 51-65.

送费用数据，用这些数据来确定报销金额，并将其公之于众。①

（四）教育领域的数据所有权

数据不管是对学生还是对学校或是对相关组织和单位来说都是不可或缺、极其重要的。学生用自己的学号登录学校的校园信息系统，进行选课、查询图书馆资料等活动，用自己的校园卡在校园内进行就餐等消费活动。学生每个行为的背后都会有大量的数据生成。学校根据众多学生的数据来进行课程安排和制订考试计划。相关单位通过对收集的数据进行处理，完成招生等活动。

校园信息系统会收集大量可识别的数据，但学生认为在使用校园信息系统时创建了个人数据，他们的隐私可能会受到侵犯，而学校也认为其应该有数据所有权。在校园信息系统中创建的数据有时由学生提供，有时由系统自动记录。美国的《家庭教育权和隐私权法案》定义教育记录为“与学生直接相关的”和“由教育机构维护的”。如果数据是个人可识别的数据，并且可以归属于某个学生，那么该数据就是该学生个人数据的一部分。②

在教育环境下，我们要注意到，至少从小学到高中阶段，未成年学生占学生总数的绝大部分，涉及未成年学生的数据所有权归属问题也是一个难题。美国的《儿童在线隐私保护法》，保护儿童个人信息免受商业网站的侵犯，要求那些面向12岁以下儿童或向儿童收集信息的网站和在线服务者，应向儿童的父母发出有关信息收集的通知，并在向儿童收集个人信息之前得到其父母同意。《通用数据保护条例》规定，在信息服务提供商处理16岁以下儿童的个人数据之前，也要求征得其父母同意。③ 2024年修正的《中华

① Rodwin M A. The Case for Public Ownership of Patient Data[J]. JAMA，2009(1)：86-88.

② Jones K，Thomson J，Arnold K. Questions of Data Ownership on Campus[J]. Educause Review，2014：1-10.

③ Macenaite M，Kosta E. Consent for Processing Children's Personal Data in the EU：Following in US Footsteps? [J]. Information & Communications Technology Law，2017(2)：146-197.

人民共和国未成年人保护法》第六十三条规定,任何组织或者个人不得隐匿、毁弃、非法删除未成年人的信件、日记、电子邮件或者其他网络通讯内容;第一百零三条规定,公安机关、人民检察院、人民法院、司法行政部门以及其他组织和个人不得披露有关案件中未成年人的姓名、影像、住所、就读学校以及其他可能识别出其身份的信息,但查找失踪、被拐卖未成年人等情形除外。我国《信息安全技术 个人信息安全规范》(GB/T 35273—2020)规定,收集年满14周岁的未成年人的个人信息前,应征得未成年人或其监护人的明示同意;不满14周岁的,应征得其监护人的明示同意。从以上法律可以看出,国内外对儿童数据以及隐私安全采取了一些保护措施,在收集未成年人的数据时通常需要征得其监护人的同意。未成年人作为特殊的数据主体,拥有数据所有权,同时其监护人履行监管的义务。

基于此,Jones等人认为最好的办法是让学生和院校共享数据所有权的机会、义务和责任。在院校作为信息受托人、学生作为受益人的情况下,院校仍可以使用学生的个人信息。[①]因此,院校作为信息受托人,在其技术、政策和数据治理实践中应为学生选择和使用数据提供更多的保障。

(五)政府开放数据领域的数据所有权

开放数据指的是公众可以公开获取的数据。开放数据通常由政府相关部门管理和维护。这些数据包括土地部门编制的地图数据和交通运输部门保存的交通数据,以及税务部门监控的商业交易数据等。[②]

Beer指出,数据所有者对数据的专有控制会产生一系列的问

① Jones K, Thomson J, Arnold K. Questions of Data Ownership on Campus[J]. Educause Review, 2014:1-10.

② Liu X, Song Y, Wu K, et al. Understanding Urban China with Open Data[J]. Cities, 2015, 47: 53-61.

题,即:数据可以同时开放和拥有吗?如果数据是被拥有的,那么开放仅仅是数据所有者允许部分数据的访问吗?数据使用者是否只有数据所有者通过合约所授予的权利?① 这些都是我们在开放数据过程中需要考虑的问题。在讨论公共部门是否有数据所有权的问题时,更多的是从伦理道德层面考虑公共利益,从个人利益和公共利益的平衡角度来支持数据的共享。事实上,数据在共享时会得到增值,但如果政府储藏它,它就没有什么价值了。开放数据有利于公众参与、增加公共福利以及更有效地利用公共资源。在公共部门或组织促进数字经济增长的过程中,让数据主体作为合作者参与其中,可以促使他们同意个人数据被使用。

但是开放数据并不意味着数据主体没有数据所有权。相反,法律没有明确规定的所有权通常由事实上的所有权来填补。开放数据通常是通过说服数据所有者自愿以公开条款授权的方式来实现的。我们必须肯定数据主体的权利才能有开放数据的可能。在法律缺失的情况下,当事人之间的权利分配将决定所有权。为了平衡公共和个人的利益,Duch-Brown 等人提出了一种中间解决方案——“半公地”,即一部分缔约方拥有数据的某些使用权和访问权,另一部分缔约方拥有其他权利。他们认为个人数据所有权不应与开放或封闭数据概念相混淆。数据的纯私有可能会阻碍创新,并可能给社会造成损失。② 自由主义福利体制的支持者主张,除了避免限制人们行动自由之外,如果一个人不能按照其意愿行事,就必须采取积极行动帮助他。在财产方面,这意味着可能有必要进行有利于最弱势群体的重新分配。③ 如果从这一思路考虑数

---

① Beer J D. Ownership of Open Data: Governance Options for Agriculture and Nutrition[EB/OL]. [2024-06-21]. https://openair. africa/wp-content/uploads/2018/09/Godan_Ownership_of_Open_Data_Publication_lowres. pdf.

② Duch-Brown N, Martens B, Mueller-Langer F. The Economics of Ownership, Access and Trade in Digital Data[EB/OL]. [2024-06-09]. https://www. tse-fr. eu/sites/default/files/TSE/documents/conf/Digitalforum2017/final_agenda_the_economics_of_data_ownership_access_and_trade. pdf.

③ Hart D. Ownership as an Issue in Data and Information Sharing: A Philosophically Based Review[J]. Australasian Journal of Information Systems, 2002(1): 23-29.

据使用，政府收集并开放数据是有必要的。

原始数据在多次授权转让之后，成为公共物品。政府不断开放数据使用的范围和程度，一方面会更大程度地发挥数据的价值，另一方面可能会发生公地悲剧与反公地悲剧之间的矛盾与冲突。因此，Beer 提出了机构间合作，地方和国家采用治理框架，利用道德和市场的力量，以及利益相关者协商等方法解决开放数据的所有权问题。[①] 作为公共物品的政府数据，理应由政府负责运营和监管。

通过以上典型领域数据所有权的讨论，我们可以看到数据所有权纠纷的复杂程度，但是在众多利益相关者中，数据主体的权益始终是要受到肯定并加以保护的。我们试图从传统的法律中为数据所有权找到合适的位置，也试图探寻是否需要建立新的法律，其目的始终是保护与数据相关的个人，而不只是简单的“数据”。所以本书将最终的保护群体放在力量薄弱的数据主体身上。

四、数据所有权分析框架

在前面的章节，我们从不同的方面归纳了学者们对数据所有权的看法，我们认为应该把数据主体放在最重要的地位。接下来将阐述我们对数据所有权的理解，以及如何界定不同阶段的数据所有权。

以数据流动阶段为主线，在收集、分析和使用数据阶段，有三大主体（数据主体、企业和政府）都认为自己对数据应该有所有权。三者权利的界定问题以及是否有无法区分的数据等，都是我们需要分析的问题。

---

① Beer J D. Ownership of Open Data：Governance Options for Agriculture and Nutrition[EB/OL]. [2024-06-21]. https://openair.africa/wp-content/uploads/2018/09/Godan_Ownership_of_Open_Data_Publication_lowres.pdf.

(一)收集数据阶段数据所有权归数据主体

《通用数据保护条例》赋予数据主体某些特定的权利,包括在没有法律依据的情况下不能进行数据处理的权利,如"知情同意书"、查阅、被遗忘的权利和数据可携性的权利等。[①] 美国的《家庭教育权和隐私权法案》将"与学生直接相关"和"由教育机构维护"的数据定义为教育记录。如果数据是可识别个人身份的,学生则有相关的法律权利和合理的理由要求获得其所有权。美国的《儿童在线隐私保护法》,保护儿童个人信息免受商业网站侵犯,要求那些面向12岁以下儿童或向儿童收集信息的网站和在线服务者,应向儿童的父母发出有关信息收集的通知,并在向儿童收集个人信息之前须征得其父母同意。[②]《通用数据保护条例》规定,在信息服务提供商处理16岁以下儿童的个人数据之前,也要征得其父母同意。我国《信息安全技术 个人信息安全规范》(GB/T 35273—2020)强调对个人信息收集的合法性、最小化、授权同意等内容,并要求数据收集和使用时必须获得数据主体的明示同意,同时明确规定数据主体有要求删除数据的权利。

基于以上法律,我们可以看出无论是成年人还是儿童的数据在收集阶段都应该归其本人所有,企业和政府如果想收集数据,必须遵循明示同意原则,得到数据主体的授权。在收集数据时,契约协议是最重要的方式,因此,大多数企业会通过一系列协议来规范数据的获取方式。

(二)分析数据阶段通过技术分析生成的数据的所有权归分析方

如果企业只进行了形式上的汇编、排序等工作,没有产生新的价

---

① Farkas T J. Data Created by the Internet of Things: The New Gold without Ownership[J]. Social Science Electronic Publishing, 2017, 23: 5.

② Macenaite M, Kosta E. Consent for Processing Children's Personal Data in the EU: Following in US Footsteps? [J]. Information & Communications Technology Law, 2017(2): 146-197.

值，那么企业只拥有数据的汇编权，即付出额外劳动，对现有资料和信息进行整理以体现出独创性，从而获取法律上相应的经济权利。

在分析数据阶段，企业通过技术分析生成的数据，企业认为自己对数据拥有所有权，如谷歌和 Facebook（现名 Meta）利用收集的原始数据，便可能生成技术性的数据。企业分析数据，利用数据创造出新的价值，具有自身独创的产权，为企业赢利，这可以适用知识产权法。

在现在没有明确界定数据所有权的情况下，企业和政府控制着数据。如果法律没有明确界定所有权，那么就可以以事实上权利的分配为依据。所有权和使用权的分离会导致数据主体无法控制自己的数据。但是控制权不能等同于真正的所有权，政府和企业在分析数据过程中形成了新数据，如购物网站为了向用户提供更好的体验和服务，会向每个用户推送个性化的购物清单。而这种数据就是企业创造出的新数据，企业对其应该拥有所有权。

（三）使用数据阶段数据所有权归数据主体和数据分析方

2003 年，美国的《医疗保险可携性和责任法修正案》允许受保护的实体与医疗保健相关企业共享病人数据，并共享不被公开披露的病人个人身份数据。病人个人身份数据是属于病人所有的。共享数据并不是共享数据所有权，数据主体仍享有自己的医疗数据所有权。

以教育数据为例，Jones 等人认为在院校作为信息受托人、学生作为受益人的情况下，院校仍可以使用学生的个人信息。[①] 委托代理关系使得作为数据主体的学生保留其数据所有权，而将使用权委托给院校。

大多数网络用户在网上使用和销售数据时并没有获得知情同

① Jones K, Thomson J, Arnold K. Questions of Data Ownership on Campus[J]. Educause Review, 2014:1-10.

意的告知。这些网络用户不明白许多在线免费服务并不是真正的免费，他们获得这些服务的回报是提供数据。在使用数据阶段，数据主体有数据所有权，他们可以从个人数据中获取相应的报酬，并对数据的使用拥有一定的控制权。[①]

政府使用数据是通过说服数据所有者自愿签署公开条款并授权来实现的。《中华人民共和国网络安全法》第四十一条规定，网络运营者收集、使用个人信息，应当遵循合法、正当、必要的原则，公开收集、使用规则，明示收集、使用信息的目的、方式和范围，并经被收集者同意。其中，《中华人民共和国网络安全法》也指出了使用方的权利是极其有限的，其只能按照规定的目的、方式和范围来使用数据。在使用数据阶段，数据所有权是属于数据主体和数据分析方的。

目前虽然各国有知识产权法、商业秘密法以及信息安全法等法律能够保护部分数据，但是各国法律未能就数据所有权作出明确的界定。数据所有权界定不清晰会产生“当你失去对数据文件的控制时，如何收回它”的问题。《通用数据保护条例》明确提出了，数据主体有被遗忘权。然而即使是数据主体在自己的主机上删除了数据，我们也不能确定这些数据是否真正永远消失了。因此，在数据流动阶段，数据主体作为弱势的一方，应该被赋予可以删除自己数据的权利。同时在数据泄露之后，相关利益者权责如何分配也是一个问题。数据具有可携性，可以复制。由于这种复制行为一般不会产生直接的、事实上的消极后果，因此为了防止数据被非法收集使用，这种复制行为应通过法律手段加以禁止。

真正的数据所有者是需要被保护的，仅仅依靠在数据被收集之前签订协议的保护措施很明显是远远不够的。我们呼吁政府进行有效的监管。但因为数据的发展之快，政府还没有完全适应发

---

① Aaronson S A. Data is Different: Why the World Needs a New Approach to Governing Cross-border Data Flows[J]. Centre for International Governance Innovation, 2018(11): 197.

展的现状，加上数据作为一种无形的资产，政府监管尚无先例可循，导致相关规制标准滞后。同时由于交易成本的问题，政府需要花很大的代价去说服各方建立数据信任关系，要协调多方制定合规适用的数据共享规范，构建可行的数据安全监控体系；各利益相关者则要花很大的代价去理解对方的数据、统一数据的格式、进行数据的整合和维护等。这样巨大的交易成本导致政府目前还未对数据的维护监管作出合适的规划。

谁有权使用不真正属于自己的信息和数据呢？这需要重新建立一个以数据主体为中心的，政府和企业等利益相关者共同参与的规则，各方可以通过委托代理的方式，将使用权和所有权分开，数据所有者始终保留对数据拥有所有权和必要的控制权，给予其在必要情况下退出数据流动环节的选择权。

第六章

网络空间治理中的内容审查

一、网络空间内容审查介绍

“网络空间”是美国科幻作家威廉·吉布森(William Ford Gibson)于1984年在其科幻小说《神经漫游者》(*Neuromancer*)中创造的术语,现在这个词已经从科幻小说进入现实文化,被技术战略家、安全专家、政治家以及企业家用来描述全球技术环境领域。另一些人认为网络空间只是一个概念上的环境,在其中通过计算机网络进行通信。这个词在20世纪90年代开始流行,当时互联网和数字通信的使用都在急剧增长,而“网络空间”一词能够代表出现的许多新想法和现象。网络空间被称为人类历史上最大的不受管制的领域,权力下放是网络空间技术和文化的重要特征,同时它的独特之处还在于,它是一个由人类创建的领域,与传统的物理领域形成了鲜明的对比。

随着这一概念的流行和网络科学技术的发展,在接下来的几十年中,网络空间上的用户数量呈指数级增长。网络空间上可访问的内容存储在数千个连接的计算机中,并且世界各地的政府、企业、利益集团、机构和个人可以平等获得免费或者收费的内容,同时网络空间使任何可以访问互联网的人都可以创建自己的信息，并将其提供给其他人（无论他们身在何处）。这意味着网络空间具有巨大的潜力，可以增加世界各地用户所表达和访问的信息和观点的多样性。正是由于网络空间的这种平等性和开放性，网络空间上不仅出现了各种正能量信息，而且不良信息也充斥着网络空间的各个角落，因此从不良信息的角度出发，对网络空间进行内容审查显得尤为重要，这也是网络空间未来治理中的重要一环。

（一）网络空间的不良信息及内容审查的含义

在进行网络空间内容审查之前，首先要明确我们需要审查的是什么？我们需要审查的就是网络空间的不良信息。由于世界各国的国情和法律制度等不尽相同，因此对网络空间不良信息的称谓和定义上也存在差异，国际上也尚无统一的标准进行界定。我们选取了几个主要国家，阐述其对网络空间不良信息的界定内容。

美国将网络空间不良信息分为如下六类。[①]

(1)散布有关政治煽动、恐怖主义，挑动民族对立情绪、民族仇恨和种族歧视等危害国家安全和民族尊严的信息。

(2)在网络中传播淫秽、色情和猥亵的信息。

(3)对未成年人滥用市场营销手段的信息。

(4)侵犯公民隐私权、名誉权、肖像权的信息，包括散布他人隐私、恶意丑化他人肖像。

(5)网络暴力信息，对他人进行网络诽谤和人身攻击等。

(6)网络欺诈信息，包括网络赌博等。

英国将网络空间不良信息分为如下三类。[②]

(1)非法信息，指危害国家安全等国家法律明令禁止的信息，如儿童色情、网络诈骗等。

---

① 王军.网络传播法律问题研究[M].北京：群众出版社，2006.

② 东鸟.网络战争：互联网改变世界简史[M].北京：九州出版社，2009.

(2)不良信息,如煽动宗教或种族仇恨、鼓励或教唆自杀的信息。

(3)令人厌恶的信息,如网络暴力信息。

德国将网络空间不良信息主要分为纳粹极端思想、种族主义信息、暴力信息、恶意言论、网络欺诈和儿童色情信息等。①

中国在网络内容管理方面的法律框架和政策导向,旨在营造一个健康、积极、向上的网络环境。根据我国2019年12月发布的《网络信息内容生态治理规定》,网络信息内容生产者应当采取措施,防范和抵制制作、复制、发布含有下列内容的不良信息。

(1)使用夸张标题,内容与标题严重不符的。

(2)炒作绯闻、丑闻、劣迹等的。

(3)不当评述自然灾害、重大事故等灾难的。

(4)带有性暗示、性挑逗等易使人产生性联想的。

(5)展现血腥、惊悚、残忍等致人身心不适的。

(6)煽动人群歧视、地域歧视等的。

(7)宣扬低俗、庸俗、媚俗内容的。

(8)可能引发未成年人模仿不安全行为和违反社会公德行为、诱导未成年人不良嗜好等的。

(9)其他对网络生态造成不良影响的内容。

虽然网络空间不良信息在各国称谓不一,但有一点却是相同的,即这些不良信息对国家安全、社会秩序稳定和个人利益构成了极大威胁或造成了现实危害。这些不良信息具有两个特征:一是以数字化的形式存在于信息系统并通过网络空间进行传播;二是具有极大的危害性。这些信息包括文字、图片、音频、视频等多种表现形式,并涉及危害国家安全、破坏民族团结、颠覆国家政权、实施或宣传恐怖主义活动、扰乱社会秩序、传播淫秽色情内容、宣扬

① 郑启航.德国互联网监管有法可依有法必依[EB/OL].[2024-05-18].http://news.xinhuanet.com/world/2010-02/01/ content_12912508.htm.

邪教迷信、诈骗公私财物、侵犯他人名誉隐私和权益等多个方面的内容。

正是因为这些不良信息的危害，我们需要对网络空间进行内容审查。网络空间内容审查是指对用户在网络平台上上传、发布或共享的内容（文字、图片、音频、视频）进行审查，以判定内容合规程度，从而进行允许其审查通过或者删除的操作。在网络空间内容审查和治理中，我们主要关注的是网络接入与传送的信息和内容的使用及管理，包括由用户产生的和由网络服务提供商产生的信息和内容。① 相较于网络恐怖主义、网络犯罪、网络空间军事化等行为层面的治理，网络空间的内容治理侧重于网络空间中传播的内容及其传播方式，核心问题是寻找网络空间中自由与秩序之间的平衡点。由于传播主体多元，网络空间中传播的内容纷繁复杂，各种有益信息和不良信息互相掺杂，在线可视化政治表述、涉及宗教及种族的言论和符号等特定内容对不同文化背景的人存在差异化的影响，由此便产生了网络内容审查的问题。这个层面治理的重点是确定网络空间中传播的内容是否需要审查和过滤，以及审查和过滤的程度及方式等。

目前主要的审查方式有两种：人工审查和算法审查。人工审查主要针对网络空间发布的内容，当用户开始试图分享内容时，在提交分享请求后，靠人来鉴定、审核这部分内容。算法审查则是借助一系列算法编程，通过算法“理解”用户正在创建和共享的内容，最后决定这部分内容能否公布于网络空间。鉴于目前人工审查费时费力，同时过多观看和评审不良信息会对审查人员造成不可逆的精神伤害，因此目前的网络空间内容审查方式还是以算法审查为主，辅以人工审查，以进行更加精准的内容核定。

在现今的网络空间内容审查中，用户上传的大量内容，其中涉嫌违规违法的，在文字、图片、音频、视频中很容易被算法捕捉到。

---

① 那朝英，庞中英. 网络空间全球治理：议题与生态化机制[J]. 学术界，2019(4)：64-74.

而文字中携带的形变、音变与粗陋内容，图片中常见的血腥、带有讽刺性、暗示性的内容导向，音频波形中杂乱外音"包裹"的其传达核心且无法识别的信息，视频中常见的露点、涉黄及音画不同步现象……这些违规内容对现在的算法来讲，识别审查难度较大，且识别效果不理想。若处理类似于藏头诗、漫画图、带有正向文字的负面导向内容，算法审查更是难上加难。这时候就需要人工肉眼仔细审查才会发现内容存在的问题。网络空间内容审查的具体操作步骤如下。

(1)用户上传自己想要分享的内容，点击发布。

(2)网络平台接收到发布请求的同时启动算法审查，算法初步判定是谁上传、在哪里上传、上传内容跟本身及其他元数据的关系。

(3)借助上述审查的初步信息，算法将继续调整其结论，对于审查通过的内容直接予以发布，对于审查未通过的内容则启动人工审查。

(4)将不合规的发布内容转交至专门的人工审查小组，按照特殊内容审查标准，通过专人对其内容进行更加严格的专业判定，判定通过则予以发布，反之则驳回发布请求。

对于网络空间的内容审查，主要出于以下几点动机或理由考虑。

(1)政治因素。在专制型政权中，针对政治反对派的审查制度很常见。一些国家封锁了与宗教和少数群体有关的网站，往往是因为它们对统治政权构成了威胁。政治因素的内容审查体现在政治博客和网站内容冒犯或挑战了统治政权的尊严和国家的权威，部分宗教及其组织的活动严重影响了政治生活的稳定，以及对于政府和国家权威的失实评论和指责。

(2)社会规范。社会规范的内容审查是对与公认的社会规范背道而驰的内容进行审查，特别是对儿童色情内容，因为儿童身心发育不成熟，对未成年儿童传播色情信息会给他们带来严重的身心创伤，影响其长远发展。因此对儿童色情内容的审查得到了非常广泛的公众支持，在世界上大多数国家，这类内容都受到严格的内容审查和其他限制。

(3)安全问题。许多组织将内容审查作为他们深度防御策略的一部分，以保护组织免受恶意软件的攻击。同时，针对叛乱分子、极端分子和恐怖分子等威胁国家安全的网络空间内容审查也经常得到广泛的公众支持。

(4)保护现有经济利益及版权。保护现有经济利益是对互联网服务进行内容审查的动机之一，比如使用互联网协议语音进行低成本电话服务，这些服务减少了实体通信企业的收益，这些企业传统上享有根深蒂固的垄断地位，有些还是政府资助或控制的，因而它们可能寻求政府的帮助，出于经济利益对互联网语音服务进行内容审查。就版权而言，对部分类似作品的审查是为了打击与版权有关的盗版行为，以保护原创内容。

(5)网络工具。对互联网的中间工具和应用程序进行内容审查，因为这些工具和应用程序可以帮助用户访问和共享敏感材料，这在很多国家是比较常见的。

(6)保护个人隐私。目前信息骚扰已经成为全民公敌，公众的个人信息泄露情况日益严重，这就需要加强对利用通信服务实施骚扰和诈骗的行为的监控，通过内容审查保护公众个人信息及隐私安全。

(二)网络空间内容审查的相关技术和审查逻辑

目前网络空间内容审查分为技术性审查和非技术性审查，在各种计算机算法审查如此盛行且技术先进的现实情况下，为什么还需要非技术性审查呢？相较于技术性审查，内容治理层面的非技术性审查更具社会性，关注的是内容的生成和发布及其对政治、经济和社会的影响。例如，对于网络空间中的内容，哪些需要予以禁止和取缔，哪些需要进行控制，以及如何进行控制，由政府还是由信息中介机构代理控制……各国根据各自国情、价值观与利益差异，均有不同的主张。在内容治理层面，搜索引擎公司、内容分享网站、社交媒体平台等信息中介的作用和角色非常微妙，它们的服务主要是内容管理（搜索、分类及索引、排序、聚合、分享）或为交易服务提供便利。由于网络信息和内容传播存在关键节点，这使得这些信息中介不仅能创建网络治理规则，同时他们还充当内容中介，承担互联网的内容控制职能，它们在控制在线信息流动及用户获取信息范围方面掌握了大量实权。所以，需要通过非技术性审查对其进行管理。

此外，网络空间内容审查面临着外部和内部的双重压力，这也需要我们将技术性审查和非技术性审查相结合。外部压力在压制性和专制型政权中最为明显，它们竭力阻止人们在网络空间进行非常规的交流讨论，这种监管理念使得它们对网络空间的内容进行严格审查，非技术性审查可以更好地满足它们的需求。内部压力则主要来自网络空间关联企业，鉴于这些企业都是营利性企业，虽然它们创建了网民自由讨论的虚拟公共论坛，承担了部分公共责任，但是它们的营利属性和生存需求使得它们不得不进行内容合规审查，以符合社会价值理念和政治原则。同时，它们作为受众体量巨大的企业，也应该承担社会责任：审查通信内容以防止被定罪的罪犯继续伤害受害者、控告者或证人；对色情或暴力内容进行审查来创造一个不同年龄层和不同敏感度的用户皆可接受的网络环境；防止由于黑客攻击和网络钓鱼攻击而对网站造成损害；遵守版权法和商标法以及有关宣传的法律；等等。

鉴于以上种种原因，网络空间内容在进行技术性审查的时候，还需要进行非技术性审查。

技术性审查可使用手段包含以下几种，不同的方法被用来拦截不同的网站或页面。

(1)拒绝某个 IP 地址的访问。如果目标网站托管在共享主机服务器上，则同一服务器上的所有网站都将被阻塞，这将影响基于

IP 的协议，如 HTTP、FTP 和 POP。

(2)域名过滤和 DNS 重定向。对有多个地址段、多个需求的用户进行限制，这将影响基于 IP 的协议，如 HTTP、FTP 和 POP。

(3)统一资源定位器(URL)地址过滤。无论 URL 中指定的域名是什么，都会扫描 URL 字符串来搜索目标关键字，这将影响 HTTP 协议。

(4)包过滤。基于协议特定的标准，路由器在其端口区分包和限制包。

(5)连接重置。基于 TCP 协议的重发和超时机制，客户端就会不停地等待和重发。

(6)网络断开。技术上更简单的网络空间内容审查方法是通过软件或硬件完全切断所有路由器。

(7)门户审查和搜索结果删除。包括搜索引擎在内的主要门户可能会将某些网站排除在外，有时这种排除是为了满足法律或其他要求，有时则完全由门户自行决定。

非技术性审查主要是出于正式的法律法规和行业规则以及非正式的商业竞争和政治监控等方面的考虑。例如：法律法规可能禁止某种类型的内容，要求发布者或者网络服务提供商主动删除或屏蔽内容；发布者和网络服务提供商可能接受贿赂，来撤回或更改他们上传的信息；发布者和网络服务提供商可能会被逮捕、刑事起诉、民事诉讼、罚款和监禁；发布者和网络服务提供商的设备可能被没收或销毁，其许可证可能被扣留或吊销；更甚的是发布者和网络服务提供商及其家人可能会受到威胁和攻击；支持特定立场或攻击反对派立场而写文章和评论的个人可能会得到报酬；审查人员可创建自己的网站来引导用户填写相关意见；由于限制性许可政策、高成本和缺乏必要的基础设施，访问网络空间可能受到限制；由于政府参与审查特定的搜索词，访问搜索结果可能受到限制，内容可能由于搜索引擎设置的词而被排除，若要允许搜索引擎在新的领域运行，发布者和网络服务提供商必须同意遵守政府在该国设定的特定审查标准。

鉴于政治和其他方面的原因，所有的内容审查都要分为两个系统进行审查，一个是政治审查系统，另一个是其他审查系统。部分企业对于其他审查系统，会根据企业的运营需求调整宽松程度，甚至打擦边球。但对于政治审查系统而言，没有企业甘愿冒此风险。内容审查基本上就是根据国家法律法规，外加地方网络监管方面的法律法规，文化、公共安全等国家监管部门政策规定进行审查，不管是地方网络监管，还是国家监管部门，都有一套相关的数据排查系统。政治违规相比其他违规监测更为严格，当前内容审查方案服务商对政治违规内容判别的检测值都能做到近似100%。此外，这两个系统对文字、图片、音频、视频有不同的审查技术和审查逻辑。具体内容如下。

1）文字审查技术和逻辑

文字审核要比图片审核更加多样化及专业化。从文字场景来讲，文字可能是一个签名、一个词组、一段文字，甚至是一篇文章，还有些文字附带在图片上，如一张海报、一张头像图等。对于图片中存在的文字，审查技术最多使用的还是文字识别技术。对于长短文本及变形变异字体，会使用到垃圾文本处理技术，如CRF分词、自然语言处理（NLP）、N-Gram算法、随机森林算法等。其中，随机森林算法较为常用，它是利用多棵“树”对样本进行训练并预测的一种分类器，通过对文本进行归类，自动预测文本内容的形式。当你要做预测的时候，新的观察值随着决策树自上而下并被赋予一个预测值或标签，一旦森林中的每棵“树”都赋予了预测值或标签，所有的预测结果将被归总到一起，作为最终的预测结果。对于上下文段落中突然出现的垃圾文本或不相关的文字或词组，会采用上下文语义识别技术（如LSTM、word embedding），这种算法技术会判断此段文字是否与上下文相关，是否是一段无效的垃圾文本，最常见的场景是我们随意敲打着一串自己都看不懂的文字。此技术很适合用于各种社交媒体平台上的灌水、刷屏，甚至带有辱骂性的文字内容。

2)图片审查技术和逻辑

对于政治人物(图片)的审核,可直接调用网络服务提供商的接口,用已成型的图片识别技术来判断当前图片是否涉黄、涉政及违规性指数,满足企业对于图片的审核条件。对于暴力、血腥、漫画这类图片,通常还须配有人工逐条审核。在有大量内容上传的情况下,单人审核无法满足先审后发的规定,并可能会使用户体验不佳,引发规模性用户的流失。此时,为了避免这一漏洞,通常就需要招聘多人甚至可人工审核的外包团队进行内容审核。就图片识别技术而言,一般采用大数据标签学习与相似度对比技术。对于政治人物检测识别则使用AI系统中的人脸识别技术。人脸识别技术广泛采用区域特征分析算法,通过深度学习技术从视频和照片中提取人像特征点,利用生物统计学的原理进行分析并建立数学模型,即人脸特征模板。用已建成的人脸特征模板与被测者的人脸进行特征分析,根据分析的结果来给出一个相似度值,最终搜索到最佳匹配人脸,并由此确定视频和照片中的个人身份信息。广义的人脸识别实际是指构建人脸识别系统的一系列相关技术,包括图像采集、人脸检测、特征建模、比对辨识、身份确认等;而狭义的人脸识别特指通过人脸进行身份确认或者身份查找的技术或系统。

3)音频审查技术和逻辑

音频审查技术的应用场景较多,如AI智能音箱常用到的语音识别、网络音视频聊天中的语音聊天,甚至是直播平台中主播在讲的音频内容。在音频识别方面,针对不同的内容有不同的识别技术。例如:针对说话内容有语音识别、关键词检索等;针对语种的判别有语种识别技术;针对说话对象的识别有声纹识别技术;针对与说话主题无关的内容通常采用音频比对的技术来进行检测。通常,一般的直播或者音频平台,对音频对比、声纹的技术较为重视,因其是保证录音及外放声音质量的一种很有效的运营手段,但对内容语音的识别,则不太关注,毕竟语音识别技术对这些企业的应用场景来说并不是刚需。目前使用最多的还是基于语音识别的关键词检索,它是将语音识别的结构构建成一个索引网络,然后把关键词从索引网络中找出来。关键词检索首先是对语音进行识别处理,从里面提取索引并构建索引网络,在进行关键词检索的时候,通过关键词表在网络中进行频率分析,找到出现频率最高的词,输出其关键词匹配结果。这一步可通过垃圾文本处理及上下文语义分析,对转化的文本进行处理。但是,目前音频审查技术能力还远远达不到准确标准,比如音频出现的特殊声音单靠技术根本无法识别,或识别出来就是一串乱码。再如在人潮拥挤的杂音中出现的音频,也无法准确地转化成文字内容。遇到以上类似场景的音频,通常还需要借助人工来审核。

4)视频审查技术和逻辑

视频是画面与音频组成的以帧为单位的画面。对于视频常存在暴恐、淫秽传播,甚至是音画不同步等问题,在视频审查方面,通常采用截帧上传服务器数据并进行对比来识别。其审查模式与图片审查相似,如:会判断场景(在室外还是室内)、会判断人脸(画面中出现的人是否是明星或政治人物)、会判断是否色情(根据画面图片的裸露状态,可分为正常、性感、色情等不同维度)等。像网上短视频一类以视频流量为主的 App,对视频内容的审核往往是通过计算机算法进行大量的审核筛查。画面中存在的严重血腥、暴恐、色情等危害社会的内容会优先被处理,而那些不以直接性的画面展示的内容,计算机算法难以审查出来,这时则需要借助人工来辅助审核。

在讨论完不同对象的审核技术和逻辑后,对融合媒体业务产生的文字、图片、音频、视频进行多模态计算,是当前网络空间审查的主流方向。特别是视频内容,不仅需要拆分为图像和音频进行处理,还需要对图像进行 OCR 识别(光学字符识别),对图像中出现的铭牌、标语、字幕等文字内容进行处理,最终归纳为对图像和文字的合规性检测。参考张建军等人(2018)的研究,融合媒体多模态计算的技术逻辑如图6-1所示。[①]

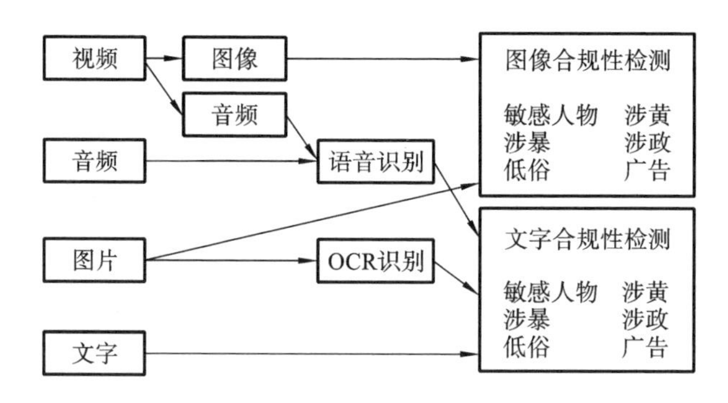

图6-1　融合媒体多模态计算的技术逻辑

通过多模态计算把内容归纳到对图像和文字的合规性检测后,需要对图像和文字进行全面风险检测,包括敏感人物、涉黄、低俗、涉暴、涉政和广告等的检测。对文字的合规性检测通常采用关键词过滤技术,即把敏感人物、涉黄等各种风险类型可能出现的词语设置为关键词,对用户提交的内容进行全文关键词匹配,如果命中就进行警告。这种简单的过滤技术会有较高的误报率和漏检率,主要有四种情况:一是不法分子可能会通过文字变异手段轻松绕开关键词匹配;二是词语在不同语境中会表达出不同的含义,不能以偏概全;三是一句话相邻词语之间的连接也易造成误报;四是对于非法广告,无法通过关键词列举进行完全过滤。我们可以采用NLP来解决这些问题。通过NLP进行语言情感分析、多语言分词、上下文逻辑检测、语义理解等,辅以海量文本特征库,就能够智能分析出文字表达的真实含义,避免上述四种情况带来的误报和漏检。该方法即使在文字恶意变异情况下也能够有效检测,实现毫秒级过滤,真正做到帮助审核人员减轻工作量。

① 张建军,孙滔,孟方.通过人工智能实现内容智能审核及在世界杯的实战[J].现代电视技术,2018(8):52-54,145.

二、网络空间内容审查 VS 言论自由

审查这一制度并不是近年才出现的，它几乎贯穿、统治了所有形式和时代的社会。然而，审查制度最可怕的影响是在独裁统治中观察到的，它被用来压制民众的声音，来巩固独裁统治政权。当今社会的审查制度，是指以道德规范、国家主权和完整、公共秩序、国家安全等为依据，对不同媒体的意见表达和传播施加限制的制度。在我们享受网络审查带给我们"干净"的网络空间时，网络空间内容审查的这些"努力"有时还被谴责为所谓的"违反言论自由"。言论自由是世界上许多国家宪法规定的，是每个人所拥有的一项最基本的权利，神圣不可侵犯。联合国大会通过的《世界人权宣言》承诺，人人有权享有主张和发表意见的自由。此项权利包括持有主张而不受干涉的自由；通过任何媒介或不论国界，寻求、接受和传递消息与思想的自由。网络空间长期以来都是主张保护言论自由的，在这里人们可以向全世界的网民发表他们的观点，以不受限制的方式与其他人交流，并在这一过程中创建新的虚拟社区。然而，网络空间内容审查力量开始打破这种"保护"，最直接的表现是日益复杂的内容过滤形式，加之监管知识产权和版权的压力不断加大，目前网络空间内容审查和言论自由之间的关系难以明晰。

应当毫不犹豫地认为，同任何其他形式的媒介一样，互联网也应受到其他形式的媒介所受到的类似限制，对网络空间进行一定程度的监管。因为网络上未经审查的视频、粗鄙淫秽图片、博客上的下流评论，这些都逾越了言论自由的边界，产生了不良后果，有时甚至比传统媒介产生的后果更严重。因此，在言论和表达自由问题上赋予互联网特殊地位并不是一件好事。但是目前的问题是，是否可以通过使用与其他形式的媒介相同的机制来限制网络空间的言论和表达自由。

目前还没有专门的法律来平衡内容审查和言论自由之间的关

系，我们暂时只能援引宪法等法律来监管网络空间上的各种言论和行为。在未来，对于政府来说，发展一种特定的机制来解决互联网审查的问题是一种趋势。但是这种机制究竟在多大程度上能得到有效的实施，肯定还存在诸多疑问。如今，互联网企业纷纷遵循政府屏蔽网站的规定，公众对网络空间上隐私内容删除的要求也得到了这些企业的积极回应，因为这些企业不想卷入这些问题的诉讼纠纷。我们社会的价值体系和道德基础应该被尊重，在互联网上表达自己的想法和意见，就像在任何其他形式的媒介上一样，应该做到合理合法。因此，政府应时刻检讨其审查网络空间的立场，保持其价值中立性，发展适当的机制以平衡内容审查和言论自由之间的关系。

三、网络空间治理的未来新趋势

网络空间是客观存在的，就像罗马帝国、大英帝国等历史现实一样，它同人类历史经验中存在的所有其他领域一样，未来将屈服于人类，并将形成风俗习惯、道德概念和法律原则。我们目前在网络空间治理中面临的挑战是坚决承担影响其风俗习惯的责任，塑造其道德概念，并在必要的范围内颁布适用于这样一个跨国的虚拟领域的法律。在这个过程中，我们必须承认，网络空间有足够的潜力进入地球上的每一个家庭、学校、办公室和工作场所。因此，对于网络空间的治理责任划分要落实到多元主体，可以参考这样一种观点，即地球上的海洋是共同的，对全人类来说是共有的，不能被个别国家所占用。然而，国际法概念的开发者承认，三海里以内的海洋也是本国的领土，属于该国及其法律的管辖范围。因此，如果网络空间在一个国家的领土之内，那么它就应该遵守该国的法律。如果网络空间的内容位于其他国家的领土之内，那么它应当遵守国际法和其他国家的法律。从这个角度来看，网络空间显然需要两套原则：一套是国际层面的，另一套是国内层面的，以确保网络空间治理的无缝衔接。

(一)网络空间的国际治理

关于网络空间的国际治理,对于全人类而言,目前普遍需要审查的不良信息有以下三种:一是儿童色情素材的(跨国界)制作和传播这类侵犯儿童权利的内容;二是为协助恐怖主义(跨国界)而制作和传播的,危害全人类安全的内容;三是为协助煽动民族、种族、宗教仇恨(跨国界)而制作和传播的,威胁国家和社会稳定的内容。[①] 因此,这需要各个国家携手起来共同努力。值得注意的是,当我们在讨论网络空间的国际治理时,我们所采取的措施和原则最好是中立的,除非现存的这些问题是被大家普遍接受的,是需要国际法所承认的法律力量予以解决的。

基于此,本书建议的网络空间的国际治理的手段有三种:一是国家与国家之间进行合作,采取适当手段,把握适度原则,共同审查规避网络空间上的不良信息;二是共同承担并发挥国家责任,在网络空间上占有不同席位的国家应该正确审视自己,为网络空间的国际治理承担自己相应的责任;三是在国际层面倡导行业自律,目前诞生了一批又一批的互联网跨国公司,单个国家对其跨国业务无权进行全面审查,这就需要这些跨国公司自律,以自我审查的方式促进网络空间的国际治理。

下面列举一些国际上关于网络空间治理的基本原则。[②]

(1)认识并承认迅速增长的网络空间服务给人类带来的巨大的、积极的好处。

(2)认识到网络空间治理的任何规则都应致力于营造健康洁

---

① Gareth G. Freedom of Expression and Regulation of Information in Cyberspace: Issues Concerning Potential International Cooperation Principles 1[M]//The International Dimensions of Cyberspace. London:Routledge,2020.

② Gareth G. Freedom of Expression and Regulation of Information in Cyberspace: Issues Concerning Potential International Cooperation Principles 1[M]//The International Dimensions of Cyberspace. London:Routledge,2020.

净的网络空间,使公众、学者和公共行政人员等作为在线用户和参与者,有足够的信心在家中或工作场所访问网络。

(3)认识到有必要确立进入网络空间的长期目标,承认目前网络空间服务更有利于经济上享有特权的人和英语使用者。如果想要缩小世界信息富国和穷国之间的差距,就必须采取措施,帮助发展中国家公众能够合理和有效地获得这些服务,并接受访问网络空间所需的培训。

(4)认识到无论是在发达国家还是发展中国家,社区和家长对基于在线网络的教育都有迫切且日益增长的需求,应该将这一需求纳入广泛的国家教育计划。

(5)承认网络空间上的部分内容在某些国家和地区是合法且正规的,但是在另一些国家和地区则是非法和违规的,要认识到不同国家的文化差异对判定网络空间内容有害或无害的不同影响。

(6)承认国家当局有权宣布网络空间上的内容是非法的,当这些内容涉及诸如儿童色情或恐怖主义等非法行为时,有权对这些内容的提供者或拥有者采取适当的处罚措施。

(7)认识到就网络空间的有害内容而言,重点应放在行业自律的自我规制计划上(不论该计划是否以国家法律支持的计划为基础)。

(8)接受一套关于有害内容的网上服务自律原则,其中应包括:制定网络服务提供商的国家自律行为守则;建立国家投诉热线,以便能够迅速投诉有关在线服务的非法或有害内容,并使网络服务供应商能够在了解问题后迅速采取补救措施;制定和实施过滤和内容评级系统等技术解决方案,使父母能够采取适当行动保护儿童免受有害内容的侵害;过滤和内容评级系统需要适应不同的国家国情和文化传统,符合各国内部的标准等。

(9)确认网络空间上的个人道德问题是否属于国家当局和国家话语的范围,因为这些问题可能涉及一个国家领土内公民的权利和行为。

(10)接受网络空间是全人类共有的,以及属于各国领土管辖范围以外的网络空间不能被个别国家占用的原则。

(11)承认在网络空间超出各国领土管辖范围的情况下,制定有关网络空间治理的国际法和监管框架是适当的,可以在诸如儿童色情、个人隐私、版权等特殊领域达成国际协议。

(12)认识到网络空间的所有国际和国家规则都应符合有关商品和服务的多边贸易协定,并应致力于实现透明度、灵活性以及国家间贸易的最低限度要求。

随着网络时代的到来,人们开始生活在一个相互依赖性更强的世界,网络空间的一个重要特征是无边界性,即某个地方发生的局部事件会通过网络的扩散效应影响到全世界,没有任何人、任何国家可以逃离这种网络空间内的“蝴蝶效应”。① 这就意味着国际网络空间的有效治理必须得到全球范围内的广泛合作,因而迫切需要一种网络空间的国际治理方式。网络空间的国际治理为国际合作提供了制度化的合作机制,通过将制度引入网络空间,网络空间的国际治理有可能为无政府状态下的合作提供一种全新的途径。同时,网络空间的国际治理调动了来自国家、国际组织、互联网企业及个人等角色的全面共同参与,改变了传统的权力结构。在主权国家的主导下,通过整合来自国际组织、互联网企业及个人等各种角色的努力,使其形成全面参与的合力。最后,网络空间的国际治理突出了对话、协商等非对抗方式的作用,在国际社会广泛传播了和平善意的理念。由于网络空间的国际治理所遵循的是多元主体的参与和合作治理、协商治理,这一模式通过调动多方力量、凝聚广泛共识,使网络空间中的持不同意见者和少数派能够被积聚到共同议题上来,既充分尊重不同文化与文明的差异,同时又能够保障决策的顺利进行,并通过提高决策的透明度,最大限度地

---

① 王高阳.基于主权的网络空间全球治理:“中国方案”及其实践[J].当代世界与社会主义,2018(5):182-190.

提升网络空间国际治理的合法性。

(二)网络空间的国家治理

网络空间治理中的道德问题和法律法规与国家公民的个人行为、国家的文化背景以及公民对信仰和行为的看法有很大关系。由于个人通常是某个国家的公民,因此在单个国家及其法律框架内公开和反映个人道德问题可能更为恰当。[①] 基于这一考虑,只要当网络空间的领域属于一个国家的领土范围时,网络空间治理中的道德问题和法律法规就应该作为国家问题来处理。因此,无论是发达国家还是发展中国家,在网络空间的国家治理中,每个国家都应该根据自己的需求合理进行内容审查、宣传教育,以及加强道德约束,在此基础上制定并颁布相关的法律法规。虽然政府实施的审查制度和公民的言论自由相矛盾,但是对于诽谤、淫秽、欺诈这类不受法律保护的言论,还是要加以严格审查和限制,否则就无法在网络空间上"保护"真正的自由。除了合规的监督和适度的道德约束之外,国家在进行网络空间治理时,还需要着重注意有关个人隐私的问题。目前随着互联网的发展和人们网络行为的普及,个人隐私泄露的情况十分严重,人们也越来越关注保护个人隐私的问题。在对网络空间上的内容进行审查时,也难免会涉及个人隐私部分。鉴于公共界限和私人界限之间的模糊性,对网络空间上的言论自由所允许的政府监管范围可能会产生异议,最好的解决办法就是借助法律手段来界定监管范围,同时立法还可以促进规范交流。因为在部分国家,有关网络空间上的"成人内容"等处于政府监管的灰色地带,这就涉及规则的实用性和监管的允许性。因此相关部门可以采取分区立法的形式,一来不会过度限制成年人获得"成人内容",二来也可以确保未成年人免受"成人内

① Sussman L R. Censor Dot Gov: The Internet and Press Freedom 2000 [J]. Journal of Government Information, 2000(5): 537-545.

容”中的不良信息的污染。这样的立法能够让网络空间上类似内容的讨论更加透明化和公开化。

不同国家对于网络空间有着不同的治理手段和路径，我们无法全面地介绍，因此本书这里以我国为例，细谈网络空间的国家治理。我国作为网络空间的后来者，在信息通信领域的发展水平与美国等西方发达国家相比还是有不小的差距，在网络空间的国际治理平台上的参与程度和话语权也不尽如人意。因此，为了赶超发达国家，作为发展中国家的我国，在进行网络空间治理时，首先，政府要提升重视程度，把互联网发展和网络空间治理上升到国家战略的高度，将之作为推动经济增长和知识创新的重要渠道，规划和实施长期的发展战略，在确保互联网快速发展的基础上实施全面科学的网络空间治理举措。其次，在国际规则与制度建设方面，我国长期处于较为被动地位，现行的网络空间规则与管理制度基本上都是由美国等西方发达国家制定的，主要目的是保护美国等西方发达国家在网络空间上的主导利益。我国作为发展中国家的代表，要高度重视网络主权原则，将其作为未来网络空间治理的重要基础。我国目前已经和其他国家合作，协商通过了《信息安全国际行为准则》《首尔原则》等国际治理文件，在国内也颁布了《中华人民共和国网络安全法》《国家网络空间安全战略》《网络空间国际合作战略》等文件，在未来我国将继续推动网络空间的国际治理走向规则化、规范化，推动更加公平合理的国际秩序的形成。最后，随着我国网络空间实践行为的增多，网络空间治理的理念也得到了丰富和提升，这是中国智慧在网络空间的体现。在如何实现网络空间有效治理的问题上，我国认为，“多边、民主、透明”的治理体系是实现网络空间有效治理的原则框架，只有坚持多边合作、坚持治理体系的广泛代表性、坚持透明开放的治理结构，才能真正实现网络空间的有效治理，未来我国也将继续发展有关于网络空间治理的合理理念。

如果我国要在国家层面推动审议网络空间治理中的问题，有两点需要格外注意,这两点也是其他国家需要加以关注的。第一,试图将网络空间上的内容限制在一个司法管辖区,强加严格而烦琐的治理标准很可能是不成功的;对国家范围内的本地网络服务提供商施加比其他国家更加严格的限制可能会导致这些服务提供商在新兴的全球市场中处于不利地位,并可能导致他们在其他国家重新建立这些业务,最终后果是业务转移、人才流失和经济利益受损。对于网络服务提供商而言,那些他们没有产生的内容以及他们未注意到的违法内容,在他们的监管审查过程中也会面临着严重的困难,这时为了促进网络空间上在线服务的良性发展,国家可以试行将在线服务内容的主要责任放在内容提供商本身,给予他们自行决断的空间和范围,辅之以行业自律准则和投诉热线系统。第二,对于上述所谈论到的儿童色情问题,父母、教师的监督和参与是指导儿童规范上网、规避儿童色情内容最有效的手段。如果真正希望通过在线服务提供交流、教育和商业机会,那么任何国家或国际监管政策都应该集中于鼓励进一步发展在线技术,而不是用烦琐和不必要的限制遏制在线技术的发展,通过更加智能的技术保护儿童免受非法或不良信息的侵害。负责任的网络空间内容监管将允许创建健康的线上环境,让政府、家长和教师共同参与,在政府的主导下使越来越多的儿童可以合理地发展和使用网络空间提供的机会及优势,并规避网络空间的劣势,将网络空间打造成为一个安全的、负责任的虚拟空间。

网络空间是随着技术发展而出现的人类生活的新领域,是除陆地、海洋、天空和外太空之外的新空间,它作为一个不受时空限制的虚拟空间,对现实空间的管理提出了重大挑战。一是因为网络空间的开放性和无边界性,导致网络空间上的有益信息和不良信息相互混杂,难以对其进行区分审查。二是因为现实世界是处在主权国家政府的管理之下的,而虚拟的网络空间则常常处于无政府状态,有着摆脱政府管理的倾向,缺乏管理的网络空间极有可能成为混乱、冲突的滋生地,所以当前国际社会迫切需要建立起网络空间全球治理的共识。在全球层面,重点应放在制定网络空间治理的原则上,通过国际治理为网络空间的国际合作提供制度化的合作机制,以对话协商的方式调动多元利益主体的参与。在国家层面,在遵守商定的国际原则的基础上,重点应放在建立不良信息审查和行业自律方案上,形成适合本国国情的网络空间治理规则和理念,并在这一过程中积极参与国际合作,为全球网络空间治理贡献自己的力量。适当的国家法律和国际协议的通过和执行以及所有有关国家当局的密切合作,将有助于将网络空间建设得更加有序和文明。

第七章

网络空间行为治理

一、网络空间失范行为

(一)网络空间失范行为定义及表现形式

1. 网络空间失范行为定义

“失范”这个词语源于希腊文,在16世纪的神学中最初指不遵守法,尤指亵渎神。失范一词被用于社会学研究中始于社会学家涂尔干,他认为失范是在集体意识转变和社会结构转型的时期,个人欲望取代社会规范,道德秩序遭到破坏,行为规范失去效力,造成结构失调和功能紊乱的社会状态。他认为,产生失范现象的原因有两个:第一,集体意识丧失了社会规定性,在日常生活中隐匿了起来;第二,个体意识丧失了自我规定和有限性的认识,使欲望本身从日常生活中表现出来,即失范意味着“社会在个体身上的不充分在场”和“社会的缺席”。[①]

每个学者对“失范行为”的称谓不同,一些学者使用“偏离行

---

① 渠敬东.缺席与断裂——有关失范的社会学研究[M].上海:上海人民出版社,1999.

为”“偏差行为”“越轨行为”等指代相关的行为。在涂尔干的理论基础上，20世纪30年代美国社会学家默顿提出了失范理论。默顿指出，在混乱中产生的社会问题，并不是由于人们未能达到自己的社会地位的需求，而是由于他们的地位未能正确地处在一个合理的、紧密结合的社会制度中。[①] 他认为，社会失范源于文化目标与制度化手段的不平衡状态，在这种状态下无法实现文化结构和社会结构所规定的目标和手段相互协调，致使行为产生各种偏差。道格拉斯和瓦克斯勒在《越轨社会学概论》一书中把“越轨”定义为某一社会群体的成员判定违反其准则或价值观念的任何思想、感受和行动。[②] 我国学者李一将“失范”界定为社会成员所作出的任何与主流的社会价值标准和行为规范及准则相违背的行为。[③]

随着经济的不断发展和人们生活水平的不断提高，伴随着信息技术的日新月异，网络已成为人们生活的必需品，对社会政治、经济、文化的影响日益加深。网络空间不仅是现实空间的拓展，更是人类社会生活的一部分，因此，网络空间也常常被称为网络社会。规范和秩序是一个社会所不可或缺的，那必然网络社会的正常运行也离不开规范和秩序。但是网络规范和秩序极易受到网络去个性化和去抑制性的攻击。在网络世界中，个人的自我认同容易被群体认同所取代，网络社会的匿名性使人们容易忘记自己的社会角色和社会责任，表现出冲动性或攻击性的行为，甚至犯罪。这种发生在网络空间而又超越网络规范的行为，被称为网络空间失范行为，它的规模、发生频率和带来的影响逐步扩大，阻碍网络世界的健康和谐发展，甚至对国家、社会和个人造成不同程度的伤害。

---

① 文森特·帕里罗，约翰·史汀森，阿黛恩·汀森. 当代社会问题[M]. 4版. 周兵，等译. 北京：华夏出版社，2002.

② 杰克·道格拉斯，弗兰西斯·瓦克斯勒. 越轨社会学概论[M]. 张宁，朱欣民，译. 石家庄：河北人民出版社，1987.

③ 李一. 网络行为失范[M]. 北京：社会科学文献出版社，2007.

我国学者从不同的视角对网络空间失范行为进行了研究。李一认为:"网络失范行为是人作出的一类特殊的行为活动,它与发生在现实社会生活中的其他失范行为,并不存在本质的差异。两者之间的不同,无非是在发生的'场域'和展现的形态上有所体现而已"[①],"网络行为失范,指的是网络行为主体违背一定的社会规范和所应遵循的特定行为准则,在虚拟的电子网络空间里出现行为偏差的情况,以及因为不适当地使用互联网络而导致行为偏差的情况。"[②]姜方炳从风险社会的视角对网络空间失范行为进行了界定:"网络技术风险与网下社会风险经由网络行为主体的交互行动而发生交叠,继而可能致使当事人的名誉权、隐私权等人格权益受损的一系列网络失范行为"。[③] 李亚诗从法律视角将网络空间失范行为定义为一种网络侵权行为,指的是借助互联网平台导致受害人名誉权、隐私权、人身权、财产权等受到侵害,如网络追杀、人肉搜索、隐私大范围公布等。[④]

综上,本书认为网络空间失范行为是网络行为主体违背网络社会规范和特定行为准则要求,在网络社会因不适当地接触和使用互联网,对自身、他人利益,甚至整个社会和国家产生危害的行为。例如,"剑桥分析事件"和"秦火火事件"都是典型的网络空间失范行为案例。网络空间失范行为常见的表现形式有网络违法犯罪、制造和传播网络病毒、攻击计算机系统及网络、网络造谣、网络诈骗、网络教唆和煽动、传播网络色情等。而且,随着科学技术的发展,这些网络空间失范现象正在以新的形式不断出现。[⑤]

---

① 李一.网络行为失范的生成机制与应对策略[J].浙江社会科学,2007(3):97-102,132.

② 李一.网络行为失范及其判定标准[J].广西社会科学,2007(8):162-165.

③ 姜方炳."网络暴力":概念、根源及其应对——基于风险社会的分析视角[J].浙江学刊,2011(6):181-187.

④ 李亚诗.从"网络暴力"看我国隐私权的民法保护[J].中国商界,2009(11):315-317.

⑤ 范灵俊,周文清,洪学海.我国网络空间治理的挑战及对策[J].电子政务,2017(3):26-31.

2. 网络空间失范行为表现形式

网络技术日新月异,网络行为也在更新迭代,各种网络空间失范行为层出不穷,形式多变,主要表现在以下方面。

1)网络不诚实、不守信、欺诈现象盛行

一些网站和个人在网络中随意发布重复的、夸张的广告,进行虚假商业宣传,吸引他人眼球;一些商家在网络商场中销售假冒伪劣商品,违规开具增值税项目,提供劣质的服务;有些网民利用计算机网络技术,扰乱电子交易规则,破坏网上交易安全;一些网民布下情感陷阱,欺骗他人善心,伤害他人情感;有的网民则发送大量诈骗短信、垃圾邮件信息,诱使他人上当。网络空间不真切的情感交流、不诚实的商品交换、不真心的服务等,造成网络空间失信。

2)谣言、流言蜚语处处可见

一些网络媒体、自媒体常常抓住社会公众人物的隐私或社会热点问题以及新闻事件而进行造谣、谎报、虚报。例如,网络中明星艺人的所谓隐私绯闻、八卦新闻纷纷上演,一些网民、自媒体、网站则信谣传谣,转发、传播小道消息。这些谣言、流言弥漫在网络空间中,形成非真实的舆论潮流,干扰、危害正常的网络传播秩序,造成网络空间失真。

3)网络暴力

网络空间中充斥着大量反主流价值观的信息,包括恐怖和血腥的文字、图片、视频。一些网站、自媒体在网络上传播"黑心赌博""暴力游戏",采取不正当手段吸引玩家;有的网民在网络中传播计算机病毒,蓄意攻击网络,成为网络公害;个别网民在网络中任意发泄自身的不满情绪,或谩骂、侮辱他人,或对社会发表不负责任的言论。网络空间中暴力化的"玩法"、情绪化的骂战、居心叵测的人肉搜索等破坏了网络文明环境,造成网络空间失范。

4)网络侵权泛滥

网络的发展引领了一个信息爆炸的时代,在网上,个人数据随时都有受侵害的危险。电子邮件可能被黑客截获、浏览、篡改和删除;消费者在网上购物后,无数的广告宣传单就会蜂拥而至;许多网络服务提供商在利益的驱使下非法获取、泄露、使用个人数据等。另外,网络的快速复制和传播,使得知识产权保护变得更加不易,图书、影视、软件的生产都遭受盗版的严重危害。网络侵权的手段愈发多样,但维权之路举步维艰、困难重重。

5)网络犯罪行为

网络犯罪是以网络信息技术和系统为侵害对象或行为手段的犯罪现象。通常分为两类,一类是在对网络实施的犯罪,如传播病毒、恶意软件和黑客攻击等,另一类是利用网络实施的犯罪,如网络诈骗、网络侵权、网络恐怖袭击等。

网络虚拟性、开放性、匿名性的特点使之成为不法行为滋生的温床,不法分子利用网络的便利和漏洞实施各种犯罪行为,与传统犯罪相比,网络犯罪可以将信息传播到不同的人群,传播速度快、波及范围广、社会危害性大。同时由于网络监管不力,网络犯罪具有成本低、范围广、收益大、隐蔽性强、案件侦破难度大等特点。随着技术的不断更新,网络空间的违法犯罪活动越来越多、越来越复杂。

(二)网络空间失范行为的产生原因

社会失范行为往往伴随着社会结构的调整、社会规则的转换和利益分配方式的变动,规则的改变速度要大于道德观念的变化速度,这种滞后性往往是道德危机爆发的原因。特别是在现代化和全球化的推动下,网络空间的无序和信息极化更是助长了网络空间失范行为的发生,这仅仅是网络空间失范行为发生的客观原因。失范行为产生的主体是人,网民的自我认知和约束力的不足才是失范行为发生的根本原因。为此,以下对网络空间失范行为发生的原因从客观原因和主观原因两个方面进行分析。

1. 网络空间失范行为发生的客观原因

一方面，网络空间失范行为的发生源于网络法治建设滞后和网络社会规范的缺失。网络的私密性和匿名性，使道德的约束力量和规制作用明显弱化，现实社会制度的规制效用正在逐步递减，同时，规范、法律的确立和更新速度滞后于网络的发展。随着互联网技术的快速发展，网络空间情况愈加复杂、问题层出不穷、监管难以跟上，面对各种网络空间失范行为，监管人员的水平和素质难以及时跟上，各国互联网监管部门在复杂的网络世界愈加力不从心。西奥多·罗斯扎克说："法律试图跟上技术的发展，而结果总是技术走在前头，这几乎是一个永恒的规律……我们在计算机和远程通信的领域里可以清楚地看到法律和技术之间这种戏剧性的差异。"① 每个国家在立法、司法和执法上都面临许多问题，各国文化观念不同也使国际司法合作面临重重障碍。例如，美国联邦最高法院裁定色情杂志符合宪法表述自由，意大利试图以全民公决的方式对卖淫合法化进行表决。而同样的行为在中国和许多伊斯兰国家，将会面临法律的严惩。

另一方面，技术的异化和环境带来的负面影响。"异化"最初是作为经济学概念出现在马克思的《1844 年经济学哲学手稿》中，大概意思是指工人生产的产品，反过来统治工人的社会现象。技术的异化常指人们在利用技术实现其目的的同时而产生的负面效应。网络技术的异化是指我们在享受网络技术带来的便利的同时，受到网络技术理性的控制，网络技术在其发展过程中，产生越来越多的干扰力，进而阻碍人类文明的进步。目前，网络技术已日益成为一种社会活动必需的工具，仿佛语言一样，这种工具已经日益成为不受多数人控制的外在力量，人类正在逐渐被网络所控制。现实社会生活中的不良现象投射到网络空间，产生了一定的消极

① 西奥多·罗斯扎克. 信息崇拜：计算机神话与真正的思维艺术[M]. 苗华健，陈体仁，译. 北京：中国对外翻译出版公司，1994.

作用，导致网络空间中时常是非颠倒、善恶混淆，在这种混乱的网络环境下，网络空间失范行为得以蓬勃"生长"。

2.导致或引发网络空间失范行为的主观原因

一方面，行为主体存在网络认知偏差。网络化给社会体制、社会政策、利益关系、生活方式、价值观念等社会生活各个方面带来前所未有的深刻变化，强烈冲击着人们的思想观念，致使人们无法正确地认识和利用网络，对网络社会与现实社会采取双重的道德标准。很多人存在一种身份二元化的思想，认为网上的行为是虚拟的、不用负责的，对自己的网络行为与现实行为采用双重标准，因此忘却了自身作为行为主体的责任，这样的思想与行为是网络空间失范行为发生的重要原因。

另一方面，行为主体规范意识淡薄，缺乏自律。在网络虚拟空间里，人们原本的规范意识被淡化，现实社会中的规范意识在网络空间失去了原有的约束力。网络群体是一个非正式的群体，具有一定的松散性，缺少一个共同接受并遵守的行为准则。在这个非正式的群体中，单个个体缺乏规范意识就有可能引起整个网络群体规范意识的匮乏。在网络空间中，各式各样的行为主体被大量的信息包围，自律性的底线一旦被跨越，个体就会难以理性地自我判断或者自我把握行动的趋向性，出现行为偏差，个体就难以自我调整或由他人指导校正，网络规范难以得到有效遵守。网络群体经过这种放大效应，会助长对社会规范的漠视，产生失范的网络空间行为。因此，集体观念和个体规范意识的丢失是造成网络空间失范行为的根源。

（三）网络空间失范行为的危害

网络空间失范行为会对各类网络行为主体的利益或权益造成不同程度的侵害，这种危害不仅仅涉及网络空间，同时会延伸到现实空间，影响社会、国家甚至全球范围内的和谐稳定。

首先是对网络主体自身产生侵害。大量的有悖于社会伦理道德的信息逐渐地侵蚀网络社会,网络主体长期接触这些信息,思想观念受到影响,慢慢淡化道德观念和社会责任,从而与社会脱节,严重者可能会走上犯罪道路。

其次是对网络空间发展产生影响。网络用户的失范行为,如人肉搜索、侵犯隐私等失范的网络行为,会带来网络空间的信任危机,使用户缺少安全感,甚至对网络丧失信心。而严重的网络空间失范行为将影响到网络安全,妨碍网络正常运转甚至威胁到国家稳定,比如网络破坏、恶意黑客攻击、盗取机密信息、攻击基础设施等。

最后是对国家安全稳定造成影响。在政治上,反动势力利用互联网传播各种歪理邪说,引诱不明真相的群众上当受骗,进而影响国家政治生态环境。在经济上,各种网络欺诈、不正当竞争、窃取经济情报等充斥网络经济领域,网上知识产权的任意侵害都会影响网络经济发展。在军事上,网络空间的无序增加了网络战、网络恐怖袭击的风险。

(四)网络空间失范行为治理

网络空间失范行为带来了网络社会的无序和网络社会诚信的缺失,产生方方面面的影响。因此,采取适当的措施,规范网络行为,对网络空间失范行为的治理迫在眉睫。建立网络综合治理体系,需要以政府为主导,调动网络主体的积极性,重点在于规范和规则体系的建立,使网络空间的各个主体有章可循、有法可依。

在技术层面,需要加强网络监管。网络空间的整体性和高度流动性及不受时空的限制等特点都决定了传统的监管手段难以发挥作用,失范行为的管控需要极大地依赖信息技术工具。网络社会的发展离不开信息技术的创新与进步,信息技术的创新与进步也需要稳定的网络社会环境,二者是相互促进的关系,因此将信息技术创新成果转化为新的技术手段,应用于互联网监管和网络社会控制的各个领域,有助于保障网络社会的有序和稳定。通过软件、大数据、人工智能技术、个人身份验证等,可以自动剔除网络空间不良信息,加强对网络主体的监管,保证网络平台的安全性,将网络空间失范行为屏蔽在网络之外。

在道德自律层面,道德自律是网民的自主行为,更是网络发展的内在要求,深入人心的道德自律观念比严厉的惩罚手段更有影响力。网络运营商要加强技术自律,将先进的技术用于正确的商业活动运作,积极推动绿色网络环境的建立,自觉维护网络的健康有序发展,对于违反社会道德的行为与言论要采取技术手段拦截并向相关部门及时举报,自觉承担起网络运营商的社会责任。政府应该加强对网民道德文化的引导,构建健康有序的网络道德体系,树立正确的网络价值观,提高网民在网络空间的责任意识、自律意识、规范意识等,以预防行为主体在网络空间进行活动时由于道德自律的松懈而产生失范的网络行为。

在法律层面,出台和完善相关法律法规、管理办法。尼勒·巴雷特曾说,法律的存在能帮助预防不道德和破坏性行为,法律作为道德规范的基准,使得大多数人可以在此道德规范内进行他们的活动。没有界限就很难确保不会出现影响和侵犯他人的情况。建立网络空间的良好秩序环境,仅靠道德等非正式制度的力量是不够的,还必须用法律的强制性手段来保证。政府应出台一些法律法规和文件条例,明确指出在网络社会中哪些行为是允许的、哪些行为是不被允许的,为网民的网络行为建章立制。同时,法律法规是一种自上而下的规范方式,为了实现其规范网络社会秩序的有效性,需要不断健全和完善。

在制度层面,建立网络综合治理体系。网络跨地域性强、涉及面广、参与主体多,因此,构建综合治理体系是一个系统工程,需要无形的手和有形的手有机结合。通过发挥市场在资源配置中的作用,实现互联网企业自律和社会共同监督,同时政府通过监管和法律手段,明确各单位治理责任,加强跨部门和跨区域的协调配合,通过进行主流价值和伦理的宣传教育,提升网民伦理道德修养,营造网络空间风清气正的环境。

二、网络攻击及其治理

我们享受着全球信息社会的福祉，但随之而来的还有以惊人速度增长的网络攻击威胁。根据世界经济论坛发布的《2018年全球风险报告》，网络攻击首次被纳入全球前五大安全风险之列，成为2018年全球仅次于自然灾害与极端天气事件之外的第三大风险。

（一）网络攻击行为定义及表现形式

1. 网络攻击行为定义

网络攻击随着计算机技术及信息技术的发展而发展，Brain是第一个针对IBM PC的病毒，它感染MS-DOS操作系统中FAT格式的磁盘引导区。Brain的编写者Amjad Farooq Alvi和Basit Farooq Alvi为了了解自己开发的软件被盗版使用的情况而编写了Brain，但最终它的蔓延范围远远超出了预期，这是世界上第一次真正流行的计算机病毒。随着互联网时代来临，攻击的目标是各种系统及应用漏洞，流氓软件盛行，攻击者目的性更强，如使攻击对手的系统无法运行、通过窃取数据得到更多的利益等。企业间的利益之争扩大到国家间的利益之争，进而出现了国家赞助的大规模攻击，比如美国中央情报局制造的Vault 7以及Vault 8，这种攻击可以出现在网络、移动设备甚至云端。

学术界和各个国家、组织关注的侧重点各不相同，对网络攻击定义也不同。北约于2013年3月发布的《塔林手册》中对“网络攻击”的定义在世界范围内接受度最高，该手册将网络攻击界定为“可以在合理预期范围内造成人员伤亡，或造成物质损毁的进攻性，或国家防御性的网络行动”[①]。这一定义强调国家或公民个人

① Sweet C. Tallinn Manual on the International Law Applicable to Cyber Warfare[J]. Europe-Asia Studies，2014(4)：669-670.

所采取的网络行动不是网络攻击的唯一评判标准，而更注重该行动对国家及社会造成破坏的严重性程度。

2. 网络攻击行为表现形式

随着技术的更新、网络安全问题的泛化和波及范围的不断扩大，网络攻击的形式也变得多种多样。以下根据攻击主体和攻击对象的不同进行分类，主要对近几年发生频率高和影响范围广的攻击行为表现形式进行阐述。

根据攻击主体的不同，网络攻击行为表现形式可以分为以下三种。

一是黑客(hacker)网络攻击行为。普通的黑客目前主要通过恶意勒索软件、非法盗取公民账户信息、潜入汽车 GPRS 系统等应用程序而造成公民财产与人身安全威胁，是针对公民人身与财产的犯罪。黑客原本是一种技术身份，但现今已有部分黑客的行动延伸至政治领域，有的媒体甚至称其为“黑客部队”，这些黑客是军队的一部分或者是政府资助的间谍，存在一些“民族主义”黑客，还有一些黑客是无组织的攻击者。

二是网络战(cyber war)行为。网络战行为主要指的是国家间在武装冲突军事行动中，配合军事力量大规模使用网络攻击的手段实现战争胜利。将网络空间攻击与使用常规武器的物理攻击相结合，会成倍增加破坏力和杀伤力。

三是网络恐怖主义(cyber terrorism)行为，即通过网络攻击来进行恐怖主义活动。恐怖主义活动主要是针对信息及计算机系统、程序和数据的攻击活动，常见的是以破坏或毁灭某些公共设施设备为手段，目的是制造社会恐慌，破坏稳定的社会秩序，实现恐怖分子的政治、宗教极端主义或意识形态目标。

根据攻击对象的不同，网络攻击行为表现形式分为以下四种。

一是针对底层芯片漏洞的攻击。漏洞是一个系统存在的弱点或缺陷，它可能来自应用软件或操作系统设计时的缺陷或编码时产生的错误,也可能来自业务在交互处理过程中的设计缺陷或逻辑流程上的不合理之处。常见的安全漏洞有获得远程管理员权限、获得本地管理员权限、权限提升、远程拒绝服务、本地拒绝服务、服务器信息的泄露、远程未授权文件存取、普通用户访问权限等。随着数码产品的不断发展,漏洞从过去以电脑为载体延伸至数码平台,如手机二维码漏洞、安卓应用程序漏洞等。通常,黑客首先利用一些专业的漏洞探测工具来检测目标系统的各种漏洞,然后借助漏洞,在未授权的情况下访问或进行有针对性的攻击、破坏。尤其是一些未公布的漏洞,成为黑客攻击的首选。2018年初,“熔断”(meltdown)和“幽灵”(spectre)两个安全漏洞暴露出的“英特尔芯片漏洞”影响全球众多IT厂商,这类漏洞风险性高,影响范围广,再加上Windows-Intel架构在全球的市场占有率,因而直接考验着当前的信息安全保障机制,并给整个信息安全行业拉响警报。

二是针对加密货币的“挖矿攻击”。随着加密货币的使用和普及,2018年最为显著的攻击方式就是加密货币挖掘恶意软件攻击(又称挖矿攻击)。McAfee数据显示,2018年挖矿型网络攻击增加了4000%。挖矿攻击相比于勒索软件攻击来说更隐蔽、更有效,且相当一部分被盗货币流入黑市交易,给各国网络治理带来极大的挑战。

三是针对供应链的攻击。供应链攻击是一种面向软件开发过程、开发人员和供应商等环节的新型攻击,其形式多样。既可以是对合作伙伴企业的雇员进行网络钓鱼获取本企业登录凭证,如美国零售商塔吉特百货数据泄露事件;又可以是往合法软件中植入恶意软件,如著名的NotPetya勒索软件。当然,广义的供应链安全还包括一国对另一国实施切断关键元器件、原材料的关键供给,进行“卡脖子”的制裁,如美国单方面断供引发的“中兴事件”。供应链安全应引起我国政府和企业的高度关注。

四是社会工程攻击。社会工程攻击就是利用人的薄弱点,通过欺骗手段入侵计算机系统的一种攻击方法。它不像传统的攻击方法(如利用系统漏洞、缓冲区溢出、会话劫持等技术),而是巧妙地避开系统,把人作为切入点。即使组织具备非常周全的安全防范措施,也可能由于人员被诱骗而泄露了组织的机密信息,从而对组织的信息安全造成严重威胁。社会工程攻击是一种非常危险的网络攻击方法,它不是利用目标系统和网络中的技术漏洞,而是利用相关人员在安全管理制度实际操作中的灵活性,对目标网络进行渗透并获取访问权限。①

(二)网络攻击行为发展趋势

一是攻击者将利用人工智能系统作为辅助进行攻击。现在,网络上销售的各种攻击工具包,使攻击者购买起来更加容易。可以预见的是,由人工智能技术驱动的攻击工具可以发动更为复杂的针对性攻击。过去,创建高度个性化的攻击工具需要很多人工和费用,但是现在由人工智能技术驱动的工具包所创建的自动化攻击将会极大地降低发动针对性攻击的成本,几乎至零。

二是不断增加的5G部署将进一步扩大网络攻击范围。未来,会有越来越多的5G物联网设备直接连接至5G网络,而非通过Wi-Fi路由器。然而,这一趋势将使设备更容易遭到攻击。以家庭用户为例,物联网设备会跳过中央路由器,从而难以对其进行监控。此外,云端备份或传输数据等也会为攻击者提供大量的新的攻击目标。

三是与物联网相关的攻击将发展出比海量DDoS攻击更危险的攻击形式。我们将看到攻击者通过新的方式利用家庭Wi-Fi路由器和其他安全性较差的物联网设备来进行攻击,其中一种便是利用物联网设备发起海量加密劫持活动,以挖掘虚拟货币。

四是更多地利用供应链进行攻击。越来越多的攻击者将供应

① 万乐乐.关于人工智能应对社会工程网络攻击的探究[J].电脑迷,2018(22):240.

链设为攻击目标。其中,攻击者在合法软件常规的分发位置植入恶意软件,这种攻击可能发生在软件供应商或第三方供应商的生产过程中。典型的攻击场景是攻击者将合法软件更新替换为恶意版本,以便将其快速且秘密地分发给目标受害者。任何接受软件更新的用户都会自动感染其计算机,从而在他们的计算机环境中为攻击者提供一个立足点。此类攻击的数量与复杂程度均在不断增加,未来我们可能会看到攻击者试图感染硬件供应链。简而言之,攻击者将继续寻找新机会,渗透到目标攻击企业的供应链中。

五是网络攻击规模的急剧增长,攻击方式在不断地发展变化,攻击来源更加多样化,如大部分针对以色列的网络攻击并非来自加沙地带或约旦河西岸,而主要来自以色列国境数千公里之外的地区,如摩洛哥、伊朗等地;攻击手段从温和、低端走向恶劣、高端;攻击范围从国内走向全球,数量持续增加且变化更为多样;网络攻击模式从单独作案走向链条化、商业化甚至国家化运作,大型犯罪集团和国家都有可能发动网络进攻,并对他国和国际组织造成巨大破坏。

(三)网络攻击行为的危害

第一,网络攻击威胁个人隐私安全。网络用户在毫不知情的情况下受到攻击,个人隐私受到侵犯,如家庭信息、经济信息以及社会关系信息等存在泄露风险,使得人身安全和财产安全都面临极大的风险。2018 年 1 月 3 日,因前雇员泄露账号,印度储存 10 亿公民身份信息的数据库 Aadhaar 遭到网络攻击,该数据库除了储存名字、电话号码、邮箱地址等之外,还有指纹、虹膜记录等极度敏感的信息。该事件在印度民众当中引发了极大的恐慌。

第二,网络攻击威胁经济发展。2016 年 2 月,黑客攻击了环球银行金融电信协会的电脑系统,入侵孟加拉国央行系统,造成 8100 万美元的损失,这次攻击成为迄今为止最大规模的网络金融盗窃案。此外,数字安全提供商 Gemalto 公司的首席技术官杰森·哈特称："仅2017年上半年，全球就有将近20亿个数据记录丢失或被窃走，三分之二遭到安全入侵的企业股价也受到了负面影响。"面对网络攻击事件的常态化趋势，应对网络安全问题的支出也在不断提高。

第三，网络攻击威胁国家关键基础设施的安全，如电力、水利、通信、能源系统等。2016年4月，在日常的安全检测中，德国贡德雷明根核电站的计算机系统发现了恶意程序，核电站被迫关闭。网络攻击破坏关键基础设施、工业控制系统的正常运转，威胁国家安全及公共利益。近年来，黑客组织、网络犯罪团体甚至国家集团成为网络攻击的主要实施者，攻击的目标正在从传统的IT系统，转向针对政府部门以及电力、金融、能源等关键基础设施行业，实现窃取政府敏感数据或使基础设施瘫痪的目的。美国和以色列的网络部队为了打击伊朗核计划，试图放慢伊朗制造浓缩铀的进程，不惜运用世界上第一个数字武器——"震网"病毒。与之前的任何其他病毒或蠕虫都不同，它并不会劫持目标计算机或窃取信息，而是会摧毁浓缩铀的离心机。2014年，有攻击者入侵了德国钢铁工业控制系统（ICS），他们通过操纵和扰乱控制系统，使得高炉不能正常关闭，造成了"大规模"但非特定的损坏。对关键基础设施的网络攻击使得越来越多的网络攻击被认定为国家安全事件。

第四，网络攻击威胁国家和政府的政权安全。网络攻击已经衍生成为政治攻击的一种手段。近年来，各种反动势力和一些非法组织利用网络笼络人心、宣传其非法活动，给社会的和谐、安定和民族的团结带来了极大的隐患。网络攻击可以通过网络平台进行意识形态的渗透，引导国内政治导向，危害国家稳定。2016年，希拉里及其竞选总统团队成员的电子邮件和通话记录等内部信息遭到了黑客组织的曝光，对美国大选的最终结果造成了严重影响。

(四)网络攻击行为的治理

摩尔定律揭示了计算机技术天然的进步性,而计算机技术的不断进步也必然导致针对信息系统的新型攻击不断出现、范围逐渐扩大、攻击类型逐渐增多、危害性不断增强,使立法对攻击进行规制的难度逐渐增大。治理应实现对社会关系的有效调控,这是治理科学性的体现。通过对社会实践的准确把握,对事物未来的发展趋势作出科学的预判并应用到相关的治理实践当中,治理可以达到一定的超前性,进而有效地调整不断变化发展的社会关系。

1. 运用针对性的网络安全技术手段

建立网络管理平台,要根据实际需要来制定专属的网络保护系统。目前,针对网络病毒的检测、防范与拦截等网络安全手段日趋成熟,防火墙、病毒查杀软件等技术在强化网络安全等领域发挥的作用愈加显著。防火墙能够有效应对大多数情况下的黑客攻击;但是,当具备较高技术水平的黑客运用防火墙自身所天然具有的漏洞,如利用防火墙打开网络、修改用户密码等时,防火墙的作用就消失了。在上述背景之下,采用入侵检测系统能够有效对系统运行的整体状态和轨迹进行记录和监控,一旦发现未经授权的操作行为时,就能够第一时间提醒系统管理员加以关注与处理。意识到网络安全系统本身的脆弱性是赶在入侵者之前发现漏洞并弥补的前提,这是用户进行安全保护需要着重注意的地方。需要定期使用网络扫描仪自动检测网络安全环境并进行网络状态的脆弱性分析,如利用 WWW 服务器、域名服务器等网络设备等,通过对黑客攻击的一般性步骤进行模拟实验的方法,检测网络设备当中可能存在的漏洞,从而有备无患。[①] 在对网络信息安全进行防护的过程中,主要采用加密技术、智能化防火墙技术和反病毒技术等。网络攻防的对抗性决定了没有攻不破的盾,随着各种新型技术的诞

① 谢国强.浅析网络黑客攻击的常用手段及防范[J].信息技术与信息化,2018(5):129-130.

生,侵入手段也会道高一尺魔高一丈般地壮大起来,呈现出多样化的攻击状态,对此,只有不断地对网络安全技术进行创新,才能够寻找到更加适宜、先进的网络安全技术开发方式,在不同情况下对网络信息风险进行预防和应对,以此来保障网络环境的健康安全。

2.通过立法来规制网络

网络攻击行为的类型呈现出的多样化趋势,使得各国在应对时面临许多困难,尤其是网络攻击容易涉及跨国性,各主权国家如何在国际法领域正视该问题,已经成为近期国际法领域新的焦点问题。然而主权国家在寻求此方面的法律救济时,却常常出现困难。各国自20世纪开始进行网络法治的研究以来,一直都在国内法与国际法的相关领域进行积极研究。美国、法国的学者在此领域取得了较为重要的成果。2013年,北约发布的《塔林手册》具有里程碑意义,尽管不是强制性法律文件,但作为当今世界第一部全面分析网络战及网络攻击的国际法问题的研究成果,依然产生了广泛的国际影响。努力加强国家间合作,制定国际组织框架内的国际互联网行为规则,才是最终完善、规制国际法项下网络攻击行为的长久良策。

3.努力提高网络安全的应急处理能力

加强网络防御能力的建设,提高应对网络攻击时的应急处理能力。一方面,建立协调联动的网络安全组织管理体系,如一支应对网络安全事件的快速反应部队,以应对未来可能发生的各项突发性网络安全危机;另一方面,应急处理能力的提升还需要大量的专业技术人员作为人才支撑。2013年1月,欧盟委员会在海牙正式成立欧洲网络犯罪中心,以应对欧洲日益增加的网络犯罪案件。欧洲网络犯罪中心连通所有欧盟警务部门的网络,整合欧盟各国的资源和信息,支持犯罪调查,保护欧洲民众和企业不受网络犯罪的威胁。2013年4月,欧洲部分网络安全企业联合成立了欧洲网络安全组织,通过联合600多名网络安全专家针对网络安全问题作出快速有效的反应，建立伙伴关系。英国国家网络安全中心(NCSC)于2017年2月14日正式启动，为英国公共和私营部门提供咨询和支持。2017年4月1日，德国联邦国防军正式成立网络与信息空间司令部，目前由260名信息技术专家组成，未来将扩展至1.35万人，该司令部将24小时不间断运行，捍卫包括德国信息基础设施、需要计算机支持的武器系统等。

4.不断加强国际对话和国际合作

网络的互联互通性和全球性使得网络攻击成为当今世界各国共同面临的挑战。正如习近平主席在第二届世界互联网大会开幕式上所讲的，“维护网络安全不应有双重标准，不能一个国家安全而其他国家不安全，一部分国家安全而另一部分国家不安全，更不能以牺牲别国安全谋求自身所谓绝对安全”[①]。各国在应对网络安全事件时从管理到技术、从立法到行动皆有所不同，因此解决网络安全这一全球性的难题，需要各国共同参与、沟通合作、达成有效共识。同时，可以加强应对关键基础设施网络攻击风险的国际演练，通过演习识别出关键基础设施信息安全保障领域的薄弱环节，提升共同应对网络重大危机事件的能力。

三、网络恐怖主义及其治理

(一)网络恐怖主义定义及表现形式

1.网络恐怖主义定义

“网络恐怖主义”是一个很难明确界定边界的概念。一方面，是因为“恐怖主义”的界定本身就有争议，一直未能形成一致的概念；另一方面，“网络”是一个社会化的概念，对于网络空间都包含

① 习近平在第二届世界互联网大会开幕式上的讲话(摘要)[J].共产党员(河北),2016(3):4-5.

哪些内容，也难以划定明确范围。

1997年，美国加州情报与安全研究所资深研究员柏利·科林最早提出“网络恐怖主义”(network terrorism)一词，认为它是“网络与恐怖主义相结合的产物”。美国联邦调查局专家马克·波利特将网络恐怖主义定义为：“有预谋的、有政治目的的针对信息及计算机系统、程序和数据的攻击活动，它是由次国家集团或秘密组织发动的打击非军事目标的暴力活动。”[①]英国在2000年2月实施的《反恐怖主义法案2000》中，第一次正式提出了“网络恐怖主义”的概念，将影响到政府或社会利益的黑客行为归为“恐怖行为”，并作为打击对象。美国信息安全教授多萝西·丹宁斯将网络恐怖主义定义为非法的、社会或政治决定的，对计算机、网络和储存的信息的攻击或威胁。因此，网络恐怖主义活动的预期效果必须是在社会中造成严重的人员和经济伤亡，给民众带来强烈的恐惧和焦虑恐怖。针对至关重要的信息、基础设施的网络攻击是否是恐怖主义行为，应取决于其意图。

与传统的恐怖手段相比，网络恐怖主义活动利用网络空间的脆弱性，使恐怖主义活动更隐蔽、更安全、影响更广泛、破坏性更严重，因此恐怖分子更愿意选择利用网络技术手段发动恐怖袭击活动，网络恐怖分子越来越依赖计算机网络和移动通信，这严重威胁了社会安全与稳定。

2. 网络恐怖主义表现形式

1)依托网络传播恐怖信息

网络使世界更开放，让多元的社会交融，使我们获取信息的速度更快、渠道更广。在这样的形势下，恐怖组织也在对其核心理念和政治诉求进行重新包装，融入宗教、民族、文化和情感等易于传播的内容，将其手段和目标伪装成正当的和神圣的，依托便利的网

① 赵晨：网络空间已成国际反恐新阵地[EB/OL].[2024-05-23]. https://epaper.gmw.cn/gmrb/html/2017-06/14/nw.D110000gmrb_20170614_1-14.htm.

络宣扬、扩散其理念。恐怖主义的核心就是传播恐怖，而网络是极佳的传播恐怖的手段。近年来，恐怖组织积极探索网络传播规律，尝试各种网络传播手段，接触更多的受众并保持黏性。恐怖组织通过互联网发布音频、文字和图片来散布威胁信息，从而引发恐慌。恐怖组织甚至威胁过许多国家的首脑，更是直接喊话，声称要在对方地区开展恐怖袭击活动。但是，问题在于恐怖组织散布的威胁信息并非全部真实，有的纯粹是为了制造恐慌。国家反恐部门无法判断信息的真假，只能耗费巨大的人力和财力以防万一。互联网低门槛和低成本的特性给恐怖组织的信息发布提供了极大便利，使得他们可以不费一兵一卒却造成全球恐慌。总而言之，恐怖主义利用网络扩散其理念和思想、制造群体恐慌，进而采取更具有破坏性效应的暴力手段以维持公众的所谓"关注度"。

2)利用网络进行人员招募

恐怖组织不仅把网络当作是传播恐怖的平台，同时也将网络当作招募人员的重要渠道。恐怖分子充分利用互联网个性化的特点，提高了其在招募人员过程中的精确性和效率。就像营销企业查找潜在客户一样，恐怖组织也可以查看网络用户的个人配置文件信息，进而选取理想的目标。恐怖组织根据网络参与者的浏览历史，选取潜在的招募对象，通过点对点的精准宣传和互动，更容易与每个个体建立密切联系，根据每个个体的独特个性，进行宣传，发展反社会和极端的闲杂人员及缺乏自控力的青年，扩大组织规模。同时，接受"一对一"的个性化信息定制使个体更容易受到信息的蛊惑，从而变得一意孤行。具体来说，针对不同的群体，恐怖组织有不同的宣传和招募方式。恐怖组织根据不同群体的身心特征，按照年龄、性别、地区、受教育程度等条件量身定制宣传内容。

3)通过网络开展恐怖主义技能训练

随着互联网带宽等基础设施的进步和视频语音技术的持续发展，网络应用给人们提供了便捷的学习机会和丰富的教学资源，使学习更自主化、个性化。但是这也为恐怖主义的“教学”带来了新的发展“机遇”。恐怖组织通过社区论坛发布、电子邮件群发、网络课堂教学等途径,通过录制音视频、编制手册教材等手段,传播枪械、弹药、毒品等恐怖主义工具的制造技巧和爆炸、绑架、恐吓等恐怖主义手段的使用方法。通过网络教学,恐怖组织拥有了一定的受众范围,同时还缩短了训练的周期,降低了成本支出和风险,实现了效益最大化。此外,恐怖分子还可以通过在线互动,交流恐怖主义技术和工具的使用技巧和效果,达到相互学习的目的。

4)进行网络恐怖攻击

互联网隐蔽性强,发动网络攻击的成本低、可操作性强且不易被发现,所以近年来恐怖分子也关注到了网络的重要价值,不断将注意力放在如何利用网络对现实世界进行袭击的方面。网络恐怖袭击活动,是恐怖主义活动在网络空间的现实表现。这类活动通常带着某种政治目的,其目标是造成致命的伤害或重大经济损失,其表现形式多种多样,如暂时性或持续性地摧毁电力系统、犯罪集团从政府银行账户中窃取资金、篡改医院记录来实施暗杀行动、破坏军方的行动计划、扰乱国家安全系统、攻击防空系统、破坏运输和设施等。[①] 随着计算机技术发展和互联网的高度普及,网络安全逐步成为国家的核心利益。恐怖分子的网络技术水平不断提高,表明他们有能力实施针对国家高度机密的敏感地区的袭击,如利用黑客武器对政府安全网络系统、全国电网网络控制系统、核电站网络控制系统、水利设施网络控制系统等国家重点基础设施进行攻击。

(二)网络恐怖主义的发展趋势

1.人员构成复杂化

传统的恐怖分子主要是极端民族主义分子、伊斯兰极端主义

① 周洪波.网络反恐的策略与途径[J].中国检察官,2017(5):25-29.

分子以及一些邪教组织的成员。[①] 人员构成较为简单，而在社交媒体时代，一切相关或不相关的人都开始变得相关，恐怖组织利用网络大肆招揽全球范围内的意向成员。新一代的恐怖组织成员，接受组织专业的技术课程，掌握实施恐怖袭击活动的各项技能并创新袭击的方式和手段，如本·拉登的恐怖组织曾大规模训练其成员学习使用网络，一些极端组织的成员也通过因特网进行宣传和策划活动。同时恐怖组织通过网络招募更多的专业技术人员，如专业黑客、追求网络攻击乐趣的业余爱好者，以及希望获取个人非法经济利益的窃贼等。近几年，对现实世界怀有强烈不满情绪的欧美"独狼式"恐怖分子异常受到关注，他们不属于任何一个恐怖组织，也不受任何国家资助或明显不代表恐怖主义支持国的利益，但他们通过网络获取攻击的方法和目标，最终实施了致命的恐怖主义行为。

2. 组织形式多样化

网络推动了恐怖主义的组织形式发生改变，通过网络，过去等级森严、集中的组织结构已无法应对全球范围的监控和严打，因此恐怖组织趋向于分散化、随意化、小型化，通过网络进行联络和实施恐怖主义活动。网络目标的脆弱性、发动袭击的便利性使得网络恐怖主义活动的实施者，可以是无组织的个人，也可以是在世界各地隶属于某个组织的具有单独行动能力的个人，个人行为就能达到甚至超过传统意义上的恐怖组织所追求的效果。同时，个人行为也更加隐蔽和难以管控。因此，在某种程度上，随着多样性和信息技术的日益发展，网络恐怖主义的组织形式更加多样，个人化的趋势日益凸显。

3. 影响危害扩大化

以往传统的恐怖主义活动把攻击目标主要锁定在现实世界的

① 郝文江. 网络恐怖主义分析与对策研究[J]. 警察技术，2009(3)：39-42.

外交、政府、军事部门以及平民等。网络出现以后，社会对信息技术的依赖可能被恐怖分子所利用。例如，2000年，澳大利亚马卢奇污水处理厂的前雇员 Vitek Boden 因不满工作续约被拒而蓄意报复，利用他的专业知识对设备进行远程控制，将大量未经处理的污水排入当地的河流和公园。恐怖分子通过侵入敏感信息系统并获取信息的方式来打击对手，包括国家防卫系统、财政医疗系统、危险物品运输路线、海军基地、市区燃料供应、农产品存储地、危险化学物品存储地、交通控制系统和其他人流聚集地等。同时，网络恐怖分子可以向每一个网络用户传播恐怖信息，突破了传统恐怖主义传播的局限性，真正将恐怖渗透到人群中，制造社会恐慌。只要向一个计算机系统发送成千上万的电子邮件，政府网络系统就会面临崩溃。除此之外，恐怖分子还可以通过网络及卫星通信引爆爆炸物。

4. 行动更加隐蔽化

在飞速发展的网络时代，个人掌握的信息技术和知识呈几何级数增长，恐怖分子亦然，其越来越熟练地隐匿于网络空间，实施恐怖袭击活动的随机性越来越大，这样带来的后果就是各个国家和政府对恐怖分子的监控和辨别愈加困难，对恐怖袭击活动的应急处置前景感到担忧。在高压态势的打击管控之下，恐怖分子会以更快的速度用最先进的信息技术装备自己。因此，在一定的条件下，恐怖组织和恐怖分子会将自己隐藏得更深。

（三）网络恐怖主义的危害

1. 影响国际社会的和平与发展

网络无国界，网络信息遍布全球，网络恐怖主义带来的危害也是全球性的。网络恐怖主义传播恐怖信息和极端主义，策划实施恐怖主义活动，影响一个国家甚至地区的和平和安宁，从而影响国际社会的和平与发展。恐怖组织通过网络招揽各国人员，训练回国后对本国社会的安全稳定带来极大的安全隐患。恐怖袭击活动涉及不同的国家和地区，受到袭击的国家和地区可能是一个或者数个，造成的危害是国际性的、全球性的。

2. 对国家安全构成威胁

国家安全是指国家政权、主权、统一和领土完整、人民福祉、经济社会可持续发展和国家其他重大利益相对处于没有危险和不受内外威胁的状态，以及保障持续安全状态的能力。网络弱化了国家传统疆域和主权界限，对国家主权的维护提出了更高要求。网络恐怖主义攻击政府网站、关键信息基础设施、公共服务网络，激发社会不满和恐慌，诱发社会危机和社会动荡，恐怖分子利用网络恐怖手段传播民族分裂信息，分裂国家或颠覆政权，这些都严重危害政治安全。政治安全是国家安全的根本，离开了政治安全，国家安全就无从谈起。

（四）网络恐怖主义治理

1. 完善网络反恐怖主义立法

当前国际社会针对传统恐怖主义袭击的立法相对比较完善，但针对网络恐怖主义新威胁中的网络招募、培训和极端主义思想宣传等活动，在全球范围内都缺少清晰有效的立法管制，继续完善网络反恐怖主义法律法规是世界各国治理网络恐怖主义新威胁的重要途径。网络恐怖信息传播具有隐蔽性和模糊性等特征，这意味着依靠机器算法很难识别恐怖信息，相关的法律管制势必会涉及对非恐怖分子私密信息的追踪和监控，最后会侵犯普通公众的隐私权。社交媒体等网络信息传播渠道的恐怖信息立法管控也面临同样的问题，在对恐怖信息不能做到精准甄别的情况下，会造成相关网络内容被强制删除，从而侵犯公众的言论自由权。[①] 因此，国际上以及各个国家内部在立法时，必须平衡网络空间恐怖主义活动的监管和公民权利的关系。

---

① 佘硕，刘旭. 网络恐怖主义新动向及其治理分析[J]. 情报杂志，2018(2)：37-44.

2. 以技术手段应对网络恐怖主义

互联网是一把双刃剑，它在给予恐怖组织众多优势和便利的同时，也使得网络恐怖主义活动具有了网络空间的脆弱性。美国著名智库兰德公司高级研究员马丁李·比奇认为，恐怖组织网站的存在恰好给予了我们"通过网络观察对手的机会"。[1] 可见，网络空间也为实施反恐行动提供了机会。例如，通过破解网站、进入社交网络获取情报，通过网络监控和情报分析更详细地掌握恐怖主义的组织构成和运作机制，大数据和人工智能的发展使情报部门更快速准确地根据恐怖分子的行为习惯、作息时间、电子邮件等信息作出分析和预判，这也正是美国政府目前采取的反恐策略之一。网络恐怖主义的实施依靠的是技术，制约网络恐怖主义的也是技术，因此，打击网络恐怖主义活动，提高反恐的技术水平是可靠、有效的措施。

3. 重点保护关键信息基础设施的网络安全

公共通信和信息服务、能源、交通、水利、金融、电子政务等重要行业和领域中的关键信息基础设施与国家安全、国计民生息息相关，一旦遭到破坏、丧失功能或者发生数据泄露，将可能给国家安全、国计民生和公共利益带来严重危害。各国都对关键信息基础设施实行重点保护，甚至对此进行专门立法。虽然尚未有针对关键信息基础设施发起的恐怖袭击活动，但未来发生此类威胁的可能性较大。因此需要制定有关制度，明确关键信息基础设施的具体范围和安全保护办法，强化国家安全审查、重要数据强制本地存储等法律措施，同时网络运营商在关键信息基础设施安全保护体系中处于重要地位，是防护策略的具体实施者，需要担负起应有的社会责任和义务。

4. 构建全球网络反恐平台

由于网络恐怖主义通常具有跨国犯罪的特征，打击网络恐怖

---

① 郎平. 网络恐怖主义的界定、解读与应对[J]. 信息安全研究，2016(10)：882-887.

主义活动正在成为世界各国的共同行动。1998年11月,联合国大会通过了由俄罗斯提出的《在国际安全背景下信息和通信领域的发展》的倡议,指出:“考虑到有必要阻止为犯罪或恐怖主义目的错误使用或开发信息资源或技术”,“呼吁各会员国在多边层面促进对信息安全领域现有的和潜在的威胁的关注”。2000年10月26日,八国集团在柏林召开会议,专门讨论如何提高网络安全水平和防范网络犯罪的问题。2000年底,欧洲委员会制定了《打击计算机犯罪公约草案》,包括美国在内的40多个国家都加入了这个公约,据称制定该公约的目的就是要采取统一的对付计算机犯罪的国际政策,防止针对计算机系统、数据和网络的犯罪活动,这是第一份有关打击网络犯罪的国际公约。

但网络空间安全领域的机制仍处在碎片化和缺乏系统性的混乱状态。各国政府都希望从本国利益出发,占领网络安全规范制定的战略制高点,所以与网络反恐相关的机构和组织林立,却未能形成统一的网络空间反恐平台。网络恐怖主义行为的目的是威胁政府和民众,大多时候带有政治色彩和宗教极端主义意识形态,更有甚者,其目标是毁灭世界,建立所谓的新“天堂”。所以网络恐怖主义攻击的对象并没有所指,同时恐怖分子或组织可在世界上任何地方对别国发动网络恐怖袭击活动、攻击服务器、散布恐怖信息等,这就需要全球协同建立一个网络反恐预警和信息分享的平台。联合打击网络恐怖主义行为,各国政府需要协同一致,基于人类网络空间的安全发展,建立合作协商解决机制。根据国际电信联盟发布的《全球网络安全指数2024年版》,目前有132个国家制定了网络安全战略,其中大部分都涉及网络反恐内容,这为国际反恐合作提供基础。未来的合作重点将是签署合作协议、确定联席会议制度、约定专门沟通方式、明确特定协调机构等,特别是在情报交流与共享、战术协作与契合、遏制恐怖融资、增强技术防护等方面加强深度、专业的国际合作。

第八章

网络空间命运共同体

互联网为我们的工作和生活带来了便利，为人类和世界的发展进步带来了机遇，网络空间是全世界人类共同工作和生活的空间，各国通过网络互联互通，利益相互交融。但同时，网络空间内普遍存在的网络安全问题越来越突出，甚至可能危及一个国家的安全稳定和发展，损害到全世界各国人民的安全和利益，网络空间的全球治理已迫在眉睫。对此，各国都在积极地提出应对策略。当前中国是全球网民数量最多的国家，其开展网络空间全球治理的策略不仅对于中国市场和经济影响巨大，同时也对整个网络空间的可持续发展和安全起着重要而关键性的推动作用。在这样的全球化背景之下，以习近平同志为核心的党中央以全世界各国人民的共同利益和需求为出发点，倡导各国共同构建网络空间命运共同体，各国平等地享有共同使用网络空间的国家主权和利益，承担共同维护网络空间安全和生态文明发展的国家责任和义务，形成共同的全球网络空间治理精神，共享全球数字经济发展的红利，应对网络安全的威胁和挑战，从而给各国人民带来更大的福祉。

一、网络空间命运共同体思想的形成

第二届世界互联网大会的主题为“互联互通、共享共治——构建网络空间命运共同体”，这次大会首次对“网络空间命运共同体”的概念进行了完整表述。随着人类经济社会的发展和信息化时代的变迁，共同体理念的发展经历了以“共同体—命运共同体—网络空间命运共同体”为顺序的形态运动和发展轨迹，其概念和内涵也得到了不断的丰富和深化发展。网络空间命运共同体理念是融通古今中外的新技术概念和新的表述，是共同体的理念逐步发展到全球化和信息化时代的一种新形态。

（一）共同体的理念

“共同体”一词源于古希腊语 koinonia，原意指城邦设立的市民共同体，它旨在通过群体的“共同活动”来追求“共同善”和“共同利益”，具有集体、团体、联盟、共同体及结合、联合、联系等含义，实质上是代表利益的共同体。社会学“共同体”的概念由德国社会学家斐迪南·滕尼斯提出，他对共同体与社会的概念进行了严格的区分，在《共同体与社会：纯粹社会学的基本概念》一书中首次提出，共同体本身应该被理解为一种生机勃勃的有机体，而社会应该被理解为一种机械的聚合和人工制品。[①] 齐格蒙特·鲍曼从社会理论层面重点阐述了共同体对安全的意义，并进一步追踪其在现代社会变迁发展进程中的影响和转换问题。齐格蒙特·鲍曼揭示了“共同体的真实性”，即“如果说在这个个体的世界上存在着共同体的话，那它只能是（而且必须是）一个用相互的、共同的关系编织起来的共同体；只可能是一个由做人的平等权利，和对根据这一权

---

① 斐迪南·滕尼斯. 共同体与社会：纯粹社会学的基本概念［M］. 林荣远，译. 北京：商务印书馆，1999.

利行动的平等能力的关注与责任编织起来的共同体”。[1] 共同体的概念在实践发展过程中不断被修正，并不断地将其衍生成一种新的理论内涵。一些学者强调共同体的地域性或范围性，而另一些学者则将社会关系与共同的情感作为共同体的理论核心。

马克思的共同体思想，是对现代社会中人与社会、共同体之间是否存在紧密关系的探索，对于共同体的研究有重大的影响。1844 年，马克思在《评一个普鲁士人的〈普鲁士国王和社会改革〉一文》中，首次明确提出“真正的共同体”的概念。后来，马克思和恩格斯又对“真正的共同体”的概念进行了唯物史观的深入阐述，提出“在真正的共同体的条件下，各个人在自己的联合中并通过这种联合获得自己的自由”[2]，即每个人唯有通过这种联合才能在联合中获得真正的自由。正如《共产党宣言》中所提到的：“代替那存在着阶级和阶级对立的资产阶级旧社会的，将是这样一个联合体，在那里，每个人的自由发展是一切人的自由发展的条件。”[3]因此，马克思提出了“人的本质是人的真正的共同体”[4]的思想学说。

就广义而言，任何一个人类社会群体的存在和形式都应该可以将其视为某种共同体。但就狭义而言，人的社会共同体应该是一种指所有的人基于一定的社会目的和实际需要，通过一定的社会形式互相结合在一起共同活动和共同交往，并由此发展而形成的本质上具有一定的共通性和稳定性人际关系的社会组织和社会形态。共同体不是一个完全静止的社会形态或一个发展阶段，而是随着几千年来人类社会、世界经济和文化历史不断发生变化、动态发展生成的一种社会价值共同体、利益共同体、命运共同体。

---

① 齐格蒙特·鲍曼. 共同体[M]. 欧阳景根，译. 江苏人民出版社，2003.

② 中共中央马克思恩格斯列宁斯大宁著作编译局. 马克思恩格斯文集：第 1 卷[M]. 北京：人民出版社，2009.

③ 马克思，恩格斯. 共产党宣言 [M]. 北京：人民出版社，2014.

④ 中共中央马克思恩格斯列宁斯大宁著作编译局. 马克思恩格斯全集：第 1 卷[M]. 北京：人民出版社，1956.

(二)人类命运共同体

如今,人类生活在一个全球化的时代,全球性问题对全人类的影响程度之深前所未有,全人类的命运从来没有像现在这样紧紧地连在一起,每个民族、每个区域和国家的命运紧密相连、休戚与共。全球的生态环境和自然灾害问题、各国各地区的政治经济和社会发展问题、全球的公共卫生与公共安全问题等都是全球性的社会发展问题,对于全人类社会生活的模式及其观念的发展而言都是重大的挑战。

2004 年 12 月发生的印度洋海啸虽然是一场天灾,但据媒体分析,海啸之所以能在短时间内夺走无数人的生命,一个不可忽视的原因是沿岸自然形成的能够遏制海啸威力的生态系统和地形地貌被人为毁坏了,大片的红树林、珊瑚礁、海岸沙丘被铲平,被用于建设各种养殖场和酒店、餐馆等旅游配套设施。在这“沧海桑田”的背后,是食客对印度洋美味海虾的“觊觎”和各国游客对那里灿烂阳光的向往。换言之,全球化背景下的经济利益成了印度洋海啸夺命无数的间接帮凶。

在世界多极化、经济全球化、文化多样化、社会信息化的今天,地球俨然已经变成一个“地球村”,人类的生存和命运高度相互依存,没有任何一个地球人或任何一群人真正能够置身事外、独自存活。面对全球化,挑战和机遇是共同的,责任也是共同的,命运也应该是共同的,全球治理问题急需世界各国携手、通力合作,以国家和群体的共同力量保护和救济人类个体,方能维护和共享全人类的尊严和生存希望。这就是人类的命运共同体的理念,也代表着中国共产党人和中国人民关于当前的国际关系和社会问题的思想理念与政治主张。

习近平主席多次在重大场合提出、阐释、倡导人类命运共同体,并用最新的实践经验和理论总结、赋予其时代意义。2015 年 9 月,在联合国成立 70 周年系列峰会上,习近平主席全面论述了打造人类命运共同体的主要内涵:建立平等相待、互商互谅的伙伴关系,营造公道正义、共建共享的安全格局,谋求开放创新、包容互惠的发展前景,促进和而不同、兼收并蓄的文明交流,构筑尊崇自然、绿色发展的生态体系。从内容上看,对应了人类命运共同体的几个主要维度,即基于平等的国际多边合作所形成的社会价值共同体、基于区域的安全合作所形成的安全共同体、基于广泛的经济合作所形成的利益共同体、基于共享的生态利益所形成的生态共同体。

从国家间的命运共同体,到打造区域共同体,再到全球的人类命运共同体,是国家利益、国家责任、国家命运的环环相扣、层层递进。人类命运共同体思想是结合了中华民族传统文化和反映了世界发展形势和状况的当代中国智慧,体现了作为全球性大国的中国为全人类和世界的发展作出历史性贡献的强大信念和决心。结合了中国文化凝聚力的人类命运共同体思想是将全人类的共同生存和发展、共同繁荣和全球化作为理论基调,致力于推动全人类整体共享全球化发展成果,是符合全人类的共同利益和诉求的全球化科学解决方案。人类命运共同体思想内在蕴含公正立场的前瞻性,在满足国际社会尤其是发展中国家的公正性发展诉求、推动全球化进程深入发展等方面具有积极作用。①

(三)网络空间命运共同体

2018 年互联网数据研究机构 We Are Social 和 Hootsuite 共同发布的《"数字 2018"互联网研究报告》显示,全球互联网用户数已经突破了 40 亿大关,2017 年新增网民人数 2.5 亿人,其中非洲地区增势喜人;与欧洲大陆相比,非洲地区的年增长率要超出 20 个百分点。此外,受智能手机和移动数据的影响,新增移动互联网

---

① 赵頔,刘同舫.人类命运共同体:全球化发展的公正逻辑[J].华南师范大学学报(社会科学版),2019(3):46-51.

用户的占比更大;2017年里,有超过2亿人获得了他们人生中的第一款移动设备。[①] 由此可见,网络空间已经发展成为人类活动的"第五空间",在这个开放的网络空间环境内人与人的互动和关系已经跨越了疆域、种族、文化的界限,网络由于信息主体的自主性和信息的隐蔽性强,网络的风险及其后果已远远超出了个人的风险承担能力限度,比如打击网络勒索病毒、网络跨国犯罪等,都直接关乎全世界和全人类的命运和利益。当前的整个国际网络社会,已经在网络的相互联系下发展成为关系愈来愈密切的共同体。网络空间的发展是现实社会在网络虚拟世界的拓展和延伸,因此,网络空间命运共同体也是人类命运共同体的一个外延和典型表现。

在2015年第二届世界互联网大会上,习近平主席首次正式提出,网络空间是人类共同的活动空间,网络空间前途命运应由世界各国共同掌握。各国应该加强沟通、扩大共识、深化合作,共同构建网络空间命运共同体。网络空间命运共同体本质上是人类命运共同体逻辑向网络的拓展和延伸,目标都应该是以树立人类命运共同体意识,促进不同的国家间、民族间乃至全世界个体间的和谐共生与共利共荣,从而最终达到人类文明幸福的健康、可持续发展。随着信息化和数字化进程进一步加快,网络空间将逐步发展成为与实体空间不可分割的、符合人类普遍认识和活动的领域,二者逐步发展和融合,单一纯粹的网络空间将不复存在,网络空间的发展命运与全人类的命运息息相关。习近平主席在致第五届世界互联网大会的贺信中指出:"世界各国虽然国情不同、互联网发展阶段不同、面临的现实挑战不同,但推动数字经济发展的愿望相同、应对网络安全挑战的利益相同、加强网络空间治理的需求相同。各国应该深化务实合作,以共进为动

---

① 2018全球数字报告:互联网用户数突破40亿大关[EB/OL].[2024-03-26]. https://www.cechoice.com/article/29496.html.

力、以共赢为目标，走出一条互信共治之路，让网络空间命运共同体更具生机活力。”

在经济全球化和社会信息化的背景下，网络治理的中国方案从根本上“跳出”了零和博弈的历史逻辑，体现了当代中国最具特色的现代马克思主义“共同体”指导思想的鲜明新时代特色。网络空间命运共同体方案是一种全新的互联网治理模式与理念，也是一种多元化的互联网治理机制，符合全球网络空间治理新思想、新战略主张的基本要求。它是既有利于各国家、民族之间能够进行广泛的文化交流，增进彼此之间的思想、情感，促进文化交流与心灵的沟通，丰富人民精神文化世界，增强人民精神力量，又有利于建立和完善互联网的治理体系，推动国际社会对互联网治理的能力和信息化水平更进一步提升，还有利于中国能够继续发挥互联网大国的作用，贡献中国智慧，增强中国精神力量。

二、网络空间命运共同体提出的背景

互联网自1969年在美国问世以来，经过半个多世纪的发展，由最初仅供研究机构中的特定人群“享用”的高端奢侈品，发展至今已成为人们生活中触手可及、日常生活中必不可少的组成部分，对于人们生活的各个方面的作用和影响越来越大。它逐渐改变了当今人们工作和生活的方式和空间，开辟了陆地、海洋、天空、外太空以外的“第五空间”。同时，全球范围内侵害公民个人隐私、侵犯知识产权、网络电信犯罪等时有发生，网络监听、网络攻击、网络诈骗和恐怖主义网络犯罪活动等已经成为全球性的重大公害。网络安全形势日益严峻，发展不平衡、规则不健全、秩序不合理等问题日益凸显，不同国家和地区之间的信息鸿沟不断拉大，进而日益加剧对于网络空间国家主权的争议，现有全球网络空间的治理和新规则难以充分反映大多数地区和国家的意愿和利益，网络空间建设发展急需新的全球网络空间现代治理模式。

（一）网络安全形势日益严峻

网络攻击事件日益增多、网络犯罪行为屡禁不止，各种极端主义、恐怖主义，以及宗教极端组织与民族分裂势力也利用网络空间非法窃取国家机密、散布恐怖主义谣言、煽动民族分裂，网络犯罪活动十分猖獗。越来越严峻的世界网络安全问题已经成为影响国家安全和威胁世界和平的巨大安全隐患。维护国家网络主权不受侵犯，维护国家和世界网络安全，成为世界各国网络发展的头等大事，成为世界各国需要高度重视的新课题。当前造成世界网络安全问题的主要原因在于：网络主权和核心技术的自主创新驱动力不足，漏洞比较多；地区和国际区域间网络核心技术发展结构不平衡；网络空间的安全治理和保障机制不健全、不完善。

如今，数据信息持续呈现爆炸性增长的发展态势，大数据的开发和利用已经推广至各行各业，跨境数据管理迈入实际操作层面，数据安全已逐渐成为网络空间中最为突出的问题。具体表现在：一是网络上大规模的数据泄露事件高发，严重威胁个人隐私与企业利益。数据显示，2018 年有 1100 多次数据泄露事件，一次性泄露 1 亿条以上数据的大型事件超过 100 起，约占 10%，数据泄露总量高达 50 亿条。与 2017 年相比，不仅数量上显著增长，涉及行业也明显增多，从政府部门到零售行业巨头，从大型社交媒体平台到国际性酒店，从银行到航空公司，数据泄露问题已然趋于常态化，企业的商业利益以及声誉均因数据泄露而遭受严重影响。二是大数据分析技术被滥用，危害政治安全。2018 年 3 月曝光的事件，即数据分析公司剑桥分析利用 Facebook（现名 Meta）用户数据进行“人物画像”，定点推送信息以影响选民在美国大选与英国脱欧等政治活动中的投票倾向。该事件引起全球网民哗然，也标志着大数据利用范围从商业领域扩散至政治领域，使得单纯的数据安全问题上升为现实的政治安全隐患。①

网络安全问题实际上是一切关乎网络发展问题的前提和基础,没有网络安全的保障,网络发展根本就无从谈起。在解决网络安全问题上,一方面,它实际上是各国共同关心和面临的现实问题,任何一个国家都不可能置身事外、独善其身;另一方面,国家在其中起着重要的主导性推动作用,个人和社会团体在对网络安全问题的解决上起着重要作用,但是仅仅依靠一些个人或者团体的知识和力量是不可能切实解决好网络安全问题的。网络本身就是一个空间压缩的工具和传导信息的载体,随着网络的广泛存在,世界的整体性进一步得到增强,要想解决这些现实问题,单单靠一个国家的能力是远远不够的。比如,一些国家基于政治目的利用网络来传播针对特定国家的不利信息,或者从事色情、暴力活动,乃至颠覆他国政权。由于其根服务器地址设在他国,使得受害国政府无法及时开展对网络犯罪行为的调查和个体追责。这就直接造成了网络犯罪分子的有恃无恐,最终各主权国家的安全和利益都因此受到了极大的影响和损害。这样的现实诉求成为构建网络空间命运共同体的客观推动力。

(二)网络空间信息鸿沟悬殊

随着全球网络空间的不断扩展,互联网进一步强化了"中心-边缘"结构,发达国家因其互联网产业能力和技术优势在网络空间领域处于核心地位,发展中国家的边缘位置进一步被强化。尽管发展中国家的网民数量在不断增长并且网民占比优势越来越突出,但因无法为民众提供足够的网络基础设施和接入设备,无法从根本上满足民众的上网需求。目前,诸如海底光缆等关键网络基

① 桂畅旎.独家盘点|2018年国际网络安全形势回顾[EB/OL].[2024-07-11]. https://mp.weixin.qq.com/s?_biz=MzA5MzE5MDAzOA==&mid=2664116192&idx=1&sn=a99990cb3304eae78506a33e44d9d9d0&chksm=8b5e2d19bc29a40f452916ed3a5da1b5340e5484f077ba805c87b8bd66a0b29523bc8f4a2919&scene=27.

础设施被欧美国家的企业垄断。网络空间的重要枢纽——服务器，从市场份额来看，主要来自美国。国际顶级域名根服务器是网络空间的关键性资源，而13台根服务器有10台归属美国的企业、政府机构、大学、非营利性机构，2台归属欧洲的企业和私营部门，1台归属日本的机构。[①] 发展中国家虽然是互联网的主要使用者，但发达国家却是关键网络基础设施和关键应用的提供者，中国以及其他新兴国家虽各自努力加快网络基础设施建设进程，但是从全球范围来看，发达国家和发展中国家依旧存在明显的差距，落后的发展中国家的网络基础设施建设进程仍然比较缓慢，严重阻碍各国的信息共享和交换。例如，据印度《经济时报》报道，印度想要步入5G时代会面临巨大的障碍，即该国仅有不足20%的通信铁塔通过光纤进行连接，也就是说该国的光缆铺设率低，缺乏足够的光缆连接。[②] 这种“中心-边缘”结构加深了国家之间的信息鸿沟。

发达国家长期占据着网络技术、科技人才与网络基础设施的综合优势、主导地位。以美国为首的网络发达国家更是推行网络霸权主义战略，不断窃取其他国家的敏感数据和信息，特别是由于互联网技术发源于美国，美国长期以来拥有对网络空间治理的单边控制优势，虽然口头上宣扬由国际非政府组织治理网络空间的理念，但无时无刻不在行单边控制互联网之实，发展中国家对网络空间建设和治理的诉求长期得不到满足。美国等网络发达国家凭借互联网技术优势已经实现了对网络空间的控制和垄断，致使发达国家与发展中国家的网络空间信息鸿沟不断被拉大，产生了“马太效应”。美国等少数发达国家在网络信息技术方面成为“领头羊”，其网络经济总量和规模遥遥领先；而发展中国家“囊中羞涩”，无法进行大型网络基础设施建设，在网络空间治理能力与经验上不尽如人意，难以弥合网络空间信息鸿沟。随着网络空间暴露出

① 李传军，李怀阳. 网络空间全球治理问题刍议[J]. 电子政务，2017(8)：24-31.

② 陈玲. 人类命运共同体思想视域下网络空间治理研究[J]. 学理论，2020(1)：4-6.

的一系列安全问题，一些发展中国家开始构建自身网络空间治理的秩序，但受技术限制，在抵御他国的网络攻击和自身安全保护上显得力不从心。

从互联网的渗透率与发展指数可以看出，全球互联网发展极不均衡，数字鸿沟问题严重。从表 8-1 中可知，截至 2019 年 3 月 31 日，互联网渗透率最高的北美高达 89.4%，垫底的非洲只有 37.3%。互联网发展指数指标体系一般从基础设施、创新能力、产业发展、网络应用、网络安全、网络治理等六个维度进行测评，从表 8-2 来看，各个国家互联网得分相差较大，发展水平极不均衡。

表 8-1　世界互联网渗透率统计表

世界地区	人口（人）（2019 年估计）	互联网用户（人）（2019 年 3 月 31 日）	互联网渗透率（占人口的百分数）
非洲	1320038716	492762185	37.3%
亚洲	4241972790	2197444783	51.8%
欧洲	829173007	719365521	86.8%
拉丁美洲/加勒比海	658345826	444493379	67.5%
中东	258356867	173542069	67.2%
北美	366496802	327568127	89.4%
大洋洲/澳大利亚	41839201	28634278	68.4%
世界总数	7716223209	4383810342	56.8%

表 8-2　世界互联网发展指数部分国家得分情况表①

排名	国家	得分（分）
1	美国	57.66
2	中国	41.80

① 中国网络空间研究院. 世界互联网发展报告 2017 · 总论[EB/OL]. [2024-05-11]. https://www.cac.gov.cn/1122128829_15135789293581n.pdf.

续表

排名	国家	得分(分)
3	韩国	38.86
4	日本	38.11
5	英国	37.85
10	德国	35.22
11	澳大利亚	35.21
18	俄罗斯	30.52
23	巴西	27.87
25	印度	26.72
34	南非	21.30
35	肯尼亚	20.33
36	越南	19.96
37	哈萨克斯坦	19.33
38	尼日利亚	16.27

注:该表只选取38个国家中的排名前5名、中间部分代表和后5名的得分情况。

(三)关于网络空间国家主权的争议

目前国际社会上对于网络空间治理有两种迥异的认识。其一是网络人权大于国家主权,完全否定网络主权这一说法,将网络空间视为全球公域,却又在实际行动上维护本国主权及核心利益,利用技术优势在网络空间开疆拓土。其二是中国提出来的网络空间主权理念,这一理念是在尊重网络空间良性竞争和信息自由流动的基础上,捍卫自身利益、抵御所谓"和平演变"的正当权益。网络空间国家主权的争议实质上就是治理权之争,背后的原因是美国为维护其全球网络霸权,免受网络主权概念束缚。首先,美国在处理网络事务上奉行双重标准,表面上支持网络自由,实际上不断对他国实施网络监控和渗透，甚至是网络攻击。其次，美国之所以否认网络主权，其根本原因在于维持美国的全球网络霸权。美国既是互联网的发源地，也是当今世界网络信息技术较为发达的国家，从网络技术、制度、观念三个层次构建了其全球网络霸主的地位。在网络技术层面，美国利用先天的信息技术优势，在很长一段时间内一直掌控着全球网络空间的域名管理权力，全球互联网关键资源管理权国际化有名无实，美国仍然通过间接方式掌控着全球互联网关键资源管理权。在制度层面，美国通过出台一系列网络管理方面的战略，建立起了以美国为首的全球网络管理制度。在观念层面，美国主张网络自由的价值观，推动网络空间信息的自由流动。美国政府高层领导多次在各种场合鼓吹网络自由，如美国前国务卿希拉里·克林顿在华盛顿发表关于"网络自由"的长篇演讲，宣扬美国政府立场。但事实是，美国政府仍然在加强其网络监控手段。2018年1月，美国政府更新授权《外国情报监视法案修正案》第702条，同意授权美国国家安全局继续监听外籍人士并收集与之相关的数据情报；3月，美国政府通过《澄清合法使用境外数据法》，以方便美国执法机构获取境外司法数据。2018年5月，欧盟的《通用数据保护条例》正式生效，提出对跨境数据的全流程管理。美国在数据领域"长臂管辖"的趋势越来越明显，这将危害发展中国家的数据主权和国家安全。

网络空间作为"第五空间"，与陆地、海洋、天空、外太空相似，是一个私域和公域属性兼具的混合场域，完全将其公域化自然就会脱离国家主权的控制，从而被互联网技术优势国家掌控。尽管越来越多的国家主张网络空间需要行使本国的主权，但在现实中，由于历史文化、社会制度和发展状况的差异显著，各国对于网络空间管理的具体内容与其秩序的见解不同，致使各国的网络空间管理文化各具特色。一些国家虽然在形式上承认自己的网络主权，但对于网络主权的概念及其深度理解和认知却还是各执己见。

（四）网络空间急需新的治理模式

一个国家的力量曾经是由作为劳动力的“人”、包括自然资源和生产设备等在内的“物”和金融资本力量来源的“财”来决定，但21世纪以来，随着信息成为新的生产力，数据变为财富，并逐渐成为各国争夺的重要战略资源。大数据技术进一步降低了获取数据和整合零散数据的成本，解决了数据分散而无价值、数据大而不可用的难题。人工智能正在逐步替代枯燥的数据转换、聚合、筛选和分析的应用过程，其让数据分析人员劳动效率大幅提升。物联网让网络服务提供商可以采集更为直接、更为精确的数据，我们所使用的手机、智能穿戴设备和车载导航让数据采集的触角延伸到了前所未有的领域。

网络空间的作用日益重要，但与网络空间的治理实践难以匹配。2013年6月，美国中央情报局前雇员爱德华·斯诺登披露了美国国家安全局的“棱镜”监听计划。“斯诺登事件”之后，网络空间国际治理一直赖以推进的基石——信任受到很大冲击，网络空间治理在国际议程中的优先次序再度提升，但也进一步加剧了治理分化。国际社会各方尤其是各国政府对于本国内部网络安全的关注远超对整个网络空间安全的关注，导致网络空间治理陷入困境。例如，美国与欧盟之间的数据治理之争仍在持续发酵；在中美贸易战中，除去知识产权、技术转让外，美国又找到了阻止中国进入美国市场更有力的理由，即所谓“保护美国的数据资源安全”。

网络空间治理急需多领域的国际合作。与传统国际合作议题不同，网络空间治理涉及领域更多、范围更广、影响更深远，具体表现在网络空间治理需要信息技术、法律和政策等诸领域的协调与治理互相融合。然而，当前的网络空间治理呈碎片化的趋势。在实践中，技术专家在技术层面设定网络及其相关基础设施的标准；通信专家则坚持通信的自由化；推崇人权的人员主张网络空间的表达自由与言论自由;律师和司法人员主张和平解决网络空间的管辖权冲突及其相关争议;行政人员更加关注信息公开与网络安全。网络空间碎片化的治理机制使得国际性协调与合作的难度加大。

网络空间治理急需多重利益的协调。网络空间治理需要平衡国家利益、公共利益与个人利益。网络空间作为人类生活的“第五空间”,任何个人都可以在互联网上发布信息,并传递到世界各地。网络空间的虚拟性导致信息的非实名性,传统的信息则多通过实体渠道或由国家授权垄断信息流动的网络渠道发布。然而,互联网是一个虚拟的空间,除了国家以公权介入外,其余信息主体的真实身份均不可被获知。由此,非实名的信息在网络上广泛存在。同时,网络空间的开放性导致信息的全球辐射性,网络空间的发展和开放使得国家利益、公众利益与个人利益之间的界限更为模糊。一条信息可能牵涉到多重利益,涉及多个领域,并进而可能引发冲突。因此,平衡不同主体的利益,也是网络空间治理过程中急需解决的主要难题。

现阶段,美国提倡由其主导的多利益攸关方模式;德国、印度分别对此提出了中度和重度改革方案;巴西、俄罗斯作为网络大国也积极参与话语权的争夺并进行机制创新;中国作为广大发展中国家、网络新兴国家的代表更是提出了构建网络空间命运共同体的中国方案。[①] 这些治理模式哪一个更适合全球的网络空间治理,还需要较长的时间和对事实的反复检验。由于发达国家与发展中国家之间的显著差异和分歧,相比而言,网络空间命运共同体以更符合全世界各国人民的共同利益和需求为出发点,更能代表全人类的共同福祉和关怀,理论的合理性和实践的可行性使得网络空间命运共同体可以逐步发展成为一个让更多国家接受的中国方案。

---

① 毕书瑞.浅谈中美网络治理模式之争[J].广东蚕业,2018(3):133-134.

三、中国主张——构建网络空间命运共同体

2014年11月19日，习近平主席在首届世界互联网大会讲话中指出：“互联网真正让世界变成了地球村，让国际社会越来越成为你中有我、我中有你的命运共同体。同时，互联网发展对国家主权、安全、发展利益提出了新的挑战，迫切需要国际社会认真应对、谋求共治、实现共赢。”2015年12月16日，习近平主席在第二届世界互联网大会开幕式上发表主旨演讲时，又强调：“网络空间是人类共同的活动空间，网络空间前途命运应由世界各国共同掌握。各国应该加强沟通、扩大共识、深化合作，共同构建网络空间命运共同体。”这是第一次正式提出“网络空间命运共同体”的概念。2016年11月16日，习近平主席在第三届世界互联网大会的视频讲话中，着重强调要“携手构建网络空间命运共同体”。2017年12月3日，习近平主席在致第四届世界互联网大会的贺信中指出，全球互联网治理体系变革进入关键时期，构建网络空间命运共同体日益成为国际社会的广泛共识。2018年11月7日，习近平主席在致第五届世界互联网大会的贺信中，肯定了“创造互信共治的数字世界——携手共建网络空间命运共同体”作为第五届世界互联网大会主题的意义，并提出：“世界各国虽然国情不同、互联网发展阶段不同、面临的现实挑战不同，但推动数字经济发展的愿望相同、应对网络安全挑战的利益相同、加强网络空间治理的需求相同。各国应该深化务实合作，以共进为动力、以共赢为目标，走出一条互信共治之路，让网络空间命运共同体更具生机活力。”这既是中国网络建设由大到强的体现，也是习近平主席将马克思主义与我国网络建设相结合而形成的世界网络空间治理的中国方案。

网络空间命运共同体从理论酝酿到理论阐释、从理论阐释到理论成熟、从理论成熟到实践探索等一系列过程是融入在中国网络建设由国内到国外、由参与世界网络空间治理到积极贡献中国方案、

由提出中国方案到进行实践路径的探索等一系列过程之中的。

（一）中国国内网络建设与理论构思阶段

中国国内网络建设经历了由最初注重网络普及广度到注重网络普及深度的转变，具体表现为建设“网络大国”过渡发展到建设“网络强国”。2014年11月19日，首届世界互联网大会在乌镇召开，习近平主席在贺词中提出了“中国正在积极推进网络建设，让互联网发展成果惠及13亿中国人民”等网络建设思想，并提出了“中国愿意携手共建网络空间”的网络共同体思想。由于当时中国的互联网发展正处于上升阶段，网络建设的重点仍集中在国内的发展，特别是国内网络的普及，因而尚未转入治理阶段。到2015年12月16日第二届世界互联网大会召开的时候，截至2015年6月，中国国内互联网普及率为48.8%，较2014年底提升了0.9个百分点，网民规模整体增速持续出现放缓。在这样的大背景下，中国网络建设的目标开始转向由大到强，习近平主席提出“中国将大力实施网络强国战略、国家大数据战略、‘互联网＋’行动计划，发展积极向上的网络文化，拓展网络经济空间，促进互联网和经济社会融合发展”等建设社会主义网络强国的网络建设战略思想，由进一步追求网络普及率扩大到拓展网络经济空间，促进互联网与经济的融合。截至2019年6月，中国网民规模达8.54亿人，互联网普及率达61.2%。中国着力推动互联网和实体经济深度融合，以信息流带动技术流、资金流、人才流、物资流，促进资源配置优化，促进全要素生产力提升，并以信息化培育新动能，以新动能推动新发展。2018年，中国数字经济规模达到31.3万亿元，占GDP比重达34.8%；移动支付规模达277.4万亿元，稳居全球第一。[①]

网络的互联互通性使得中国网络建设的实践本身就是全球网

---

① 支振锋.网络空间命运共同体的全球共识与中国智慧[EB/OL].[2024-03-19]. https://m.gmw.cn/baijia/2019-10/25/33263100.html? sdkver=e06426d6&clientprefetch=1.

络建设的一部分。中国网络建设不是也不可能是在封闭环境下进行的，而是在与世界其他国家和地区的交往的过程中、在开放的环境下进行的。中国的网络强国战略既是国内网络建设的指导方针，又包含了促进全球网络秩序化、公开化发展的设计。中国国内网络建设是中国参与世界网络空间治理的技术支撑；中国国内网络建设的成功经验也是向世界提出全球网络空间治理中国方案的基础；同时中国国内网络建设的成功经验也证实了中国提出全球网络空间治理中国方案是一种负责任的大国行为。

（二）中国参与全球网络空间治理与理论成熟阶段

中国网民数量全球第一的事实以及对互联网的日渐依赖已将中国推到了全球网络空间治理竞争的大潮中。近年来，中国在摸索中逐步从内容、形式、主体等多角度加强参与全球网络空间治理实践，不仅在各种国际场合公开表明中国的全球网络空间治理立场和网络主权理念，搭建世界互联网大会等各种平台，而且积极参与双边、多边以及国际等多层面的全球网络空间治理机制，倡议构建网络空间命运共同体。

如果网络主权原则未成为全球共识，那么实现全球网络空间治理的多边、民主、公平、正义、透明，形成网络空间命运共同体就无从谈起，因此，网络主权原则是全球网络空间治理的基石。虽然世界网络空间的主要参与者是各大互联网企业，但是，从根本上讲，网络空间的参与者和行为主体依然是属于各主权国家。技术没有国界，但是技术专家有自己的国籍。网络主权的存在既具有客观逻辑，又具有现实的物质支撑，同时还具有法理上的依据。因此，网络空间治理需要建立在网络主权平等这一基本原则之上。2016 年 11 月 16 日，习近平主席在第三届世界互联网大会上再次重申了“坚持网络主权理念，推动全球互联网治理朝着更加公正合理的方向迈进”的网络空间主权观，以驳斥欧美发达国家秉持所谓的“网络自由”等网络霸权主义观点。如果网络空间没有主权，全球网络空间是一个高度分散化的聚合体，那么治理就无从谈起。网络主权的存在不仅为网络治理指明了方向，也使得全球网络空间治理变得可行。

习近平主席在第二届世界互联网大会首次提出了“世界各国应共同构建网络空间命运共同体”的主张。在《中华人民共和国网络安全法》正式颁布之后，习近平主席在2016年的第三届世界互联网大会重申了构建网络空间命运共同体的思想。2017年第四届世界互联网大会，习近平主席在贺信中进一步明确了中国参与世界互联网治理的战略构想。新时代中国建设和发展互联网的出发点由局限于国内网络强国战略提升到积极参与全球网络空间治理的总体战略高度，由单纯维护本国的网络主权提升到回应广大发展中国家的网络发展诉求等。中国网络空间建设由“独善其身”到“兼济天下”的成功过渡也标志着其网络空间建设和治理经验逐渐走向成熟，积极向其他发展中国家输出网络空间建设经验，推动共建共享，构建网络空间命运共同体。

当前网络空间治理的主要内容已经从认知、理念层面的国际战略博弈，转向提供有效解决方案、最佳治理实践、能力建设等具体的议题，网络强国战略可以更好地为中国参与全球网络空间治理提供理论支撑。与此同时，网络空间国际战略也有助于为网络强国战略营造有利的外部环境、学习国外先进的经验和教训，为国内的互联网企业提供广阔的国际市场。

四、构建网络空间命运共同体的时代意义

网络空间命运共同体不是虚幻的目标，而是实际存在的不可避免的事实。人类命运共同体源自人类的共生关系，源于人类社会的互联互通，而网络的作用正是互联互通。从原始社会、农业社会到现代工业文明，人类的历史在互联互通中不断向前迈进。而网络更是将人类社会带入了物质、信息、文化、价值等各个社会领域的全面

共通共融,网络空间已经发展成为“一荣俱荣,一损俱损”的命运共同体。在网络空间中,各行为体的命运休戚与共,共担责任,共谋发展,共享安全可靠的网络空间及其带来的巨大福利。

(一)助推人类命运共同体的构建

打造网络空间命运共同体是构筑人类命运共同体的生动实践,网络空间虽然有不同于物质空间的特征,但它同样承载着人类的社会活动、延续着人类文明,因此也同样面临着网络空间的资源分配、利益分割、秩序建立和权力博弈等诸多复杂的问题。随着技术发展,网络在人类生活领域所占的比重越来越大,所囊括的范围越来越广,所纳入的人群越来越多,网络空间命运共同体与人类命运共同体所涉及的范围、领域、人群之间的差距也在不断缩小,网络空间命运共同体的构建对人类命运共同体的形成具有越来越重要的意义和影响。这一方面体现在网络为人类命运共同体的形成提供了现实的条件和路径、提供了现代信息的技术支撑、搭建了技术平台;另一方面也体现在网络空间为人类命运共同体构建带来更多的不确定因素、增加了风险性和不稳定性。人类命运共同体的构建离不开网络空间命运共同体的构建,网络空间必将作为人类命运共同体构建的最佳实践平台,成为构建人类命运共同体的重要抓手,而网络空间命运共同体的成功构建也必将反过来促进人类命运共同体的构建,推动全人类和全社会向着更加美好的方向前进和发展。

(二)推动全球网络空间治理能力与水平的提升

构建网络空间命运共同体是解决全球网络空间治理失灵问题的有效方案,它能引领世界各国有效地应对网络空间治理中存在的诸多问题,让网络空间的发展红利更多、更有效地惠及民众。首先,构建网络空间新秩序,推动了世界各国在共商共享的基础上制定网络空间使用的国际规范,尊重各个国家的信息主权、网络发展道路、管理模式，以及平等参与全球网络空间治理的权利。其次，通过坚决打击借助网络实施的违法犯罪行为，如信息窃密、网络诈骗、网络恐怖主义等行为，切实联合世界各国协同合作，共筑安全健康的网络空间，维护了全球网络空间的安全。最后，通过搭建网络共享平台，增进了各个民族和文化间的交流互鉴、沟通信任，推动世界各国共享经济政治文化发展的优秀成果。[①] 网络空间命运共同体以全球人民的幸福为福祉，突出了对话、协商等非对抗方式的作用，在国际社会广泛传播了和平善意的理念。[②]

（三）提升发展中国家网络话语权

网络空间打破了旧的时空限制，形成了新的社会经济发展生存空间，各国开始积极争抢网络空间治理的战略地位和国际话语权。以美国为首的一些西方发达国家凭借其掌握网络核心技术的优势，强制制定互联网技术标准，在网络空间的治理上推行霸权主义和强权政治。相比之下，发展中国家政权孱弱、技术落后、资本缺乏，在网络空间中受到西方国家的孤立和打压。中国通过传播构建网络空间命运共同体的思想，旗帜鲜明地表达了愿与各国携手构建网络空间命运共同体的积极态度。倡导互联互通、平等协作、共享发展的理念，坚持多边参与、多方参与，不搞单边主义，尊重各个国家的主权，不干涉他国内政，让各国在网络空间中都具有平等的话语权，让发展中国家在网络空间中能够相对自由地发言，从而扩大发展中国家话语的国际传播力与影响力。

五、构建网络空间命运共同体的实践路径

关于各国应该加强沟通、扩大共识、深化合作，共同构建网络

① 孟献丽．网络资本主义批判与当代中国网络空间治理[J]．探索，2018(6)：178-184.

② 王高阳．基于主权的网络空间全球治理："中国方案"及其实践[J]．当代世界与社会主义，2018(5)：182-190.

空间命运共同体，习近平主席提出了推进全球互联网治理体系变革的“四项原则”，即尊重网络主权、维护和平安全、促进开放合作、构建良好秩序。习近平主席还提出了构建网络空间命运共同体的“五点主张”，一是加快全球网络基础设施建设，促进互联互通；二是打造网上文化交流共享平台，促进交流互鉴；三是推动网络经济创新发展，促进共同繁荣；四是保障网络安全，促进有序发展；五是构建互联网治理体系，促进公平正义。[①] 习近平主席在多届世界互联网大会上的倡议同《国家网络空间安全战略》(2016)、《网络空间国际合作战略》(2017)，以及党中央对网络强国战略等表述一起构成了网络空间全球治理的中国方案，对构建网络空间命运共同体提供了根本遵循。

（一）扩大合作范围，深化国际对话合作

网络空间安全共享和风险挑战需要全球共同承担，没有任何一个国家和地区可以独善其身。推动普惠发展，刺激经济增长，弥合数字鸿沟，不应只是道义上的声援，而应该化为实际的行动。古语有云：“与人同者，物必归焉。”世界各国资源不同、发展水平不一，需要通过对话和合作，协商解决。当前由于世界各国在全球网络空间中仍有着不同甚至是互相冲突的价值观和利益的诉求，全球网络共识和在此基础上形成的全球网络空间治理模式仍然难以实现，应从不同角度解决不同问题。

现阶段，部分网络发展中国家已经开始了初期的合作，在合作过程中也遇到了一些问题，其中问题主要有两个方面：一是部分网络发展中国家对于目前正在开展的网络空间治理和国际合作持消极态度。网络空间安全问题还没有引起这些网络发展中国家的足够重视，参与到全球网络空间治理的积极性、主动性不够。二是国

① 习近平乌镇主旨演讲（全文）提四项原则五点主张[EB/OL].[2024-04-16]. https://www.rmzxb.com.cn/c/2015-12-16/650880_2.shtml.

家间的合作不够深入，合作范围十分有限。正是因为这些原因，许多网络发展中国家无法齐心协力去推动国际合作的开展，也就无法对网络发达国家的网络控制权构成足够的威胁。因此，必须进一步加强和深化彼此间的合作，让所有网络发展中国家能深刻认识到当前全球网络空间安全问题的严峻性，让更多国家加入网络空间治理的国际合作中来。

对互联网在不同社会领域产生的影响，应当在该领域现有国际体系中，推动相关议题的讨论、共识的达成和问题的解决。例如：经济领域的问题应当充分发挥国际货币基金组织、世界银行、世界贸易组织、世界经济论坛、世界知识产权组织等机构的作用，协调各方利益；文化领域的问题可以通过联合国教科文组织等区域和全球性的机构来协调。这些现有的全球和区域治理机构，大多有较为成熟的意见协商程序和执行机制，因此，能较为高效地解决互联网发展过程中新出现的紧迫问题。一方面，要促进现有国际治理机制之间的互动，特别是全球层次、地区层次和国家层次的纵向互动，在互动过程中创建、完善新的治理机制。充分发挥传统全球和区域治理机构的沟通协商作用，包括联合国、世界电信联盟、世界贸易组织、亚太经济合作组织、"一带一路"国际合作高峰论坛等。[①] 另一方面，要推动现有治理机制与治理对象、更广泛的网络安全治理机制之间的交叉互动，在互动过程中借鉴网络安全领域、经济合作等领域的有效机制。同时，在互动的过程中还能够促进不同的治理主体进行交流对话，增加彼此间的战略互信，不断消除权力不对称所导致的隔阂。

（二）加快网络基础设施建设，缩小信息鸿沟

推动全球网络的发展，网络基础设施建设是基石。俗话说"巧

---

① 张建军. 构建网络空间命运共同体，应对全球互联网发展新挑战[EB/OL]. [2024-06-11]. https://baijiahao.baidu.com/s?id=1648052012918821134&wfr=spider&for=pc.

妇难为无米之炊”，各国基础设施建设情况不尽相同，如非洲的部分国家的网络建设滞后不前，与发达国家的差距明显，影响着各利益攸关方在世界互联网规则制定中的参与度，易导致网络霸权主义任意作为。

一方面，必须加强信息技术创新，提高网络信息领域国产化水平，加强网络基础设施建设等，以此达到掌握信息核心技术，抢占网络技术制高点的目标，这是维护网络空间国家主权的必由之路。网络空间命运共同体的建立，首要的是网络基础设施建设，习近平主席提出的“中国愿同各方一道共同推动全球网络基础设施建设”是率先铺设世界互联网可持续发展道路的基础的和务实的实践。

另一方面，世界各国应加强合作，加快网络基础设施、通信设施建设步伐，推动新一代移动通信技术的研发和推广，铺设通达世界的信息高速公路。例如，阿拉伯国家的移动运营商已快速从试验阶段转向早期商业化阶段，迅速为其处于5G技术部署的全球领先地位奠定基础。联合国宽带促进可持续发展委员会最弱势国家宽带工作组于2019年7月12日在联合国总部发布的一份报告指出，宽带（高速互联网）在帮助最不发达国家（LDC）克服缺陷、发展经济和改善民生方面发挥着重要作用。

（三）尊重网络主权，反对网络霸权

主权是现代民族国家最根本的属性，没有主权就没有主权国家。主权概念的内涵随着历史的发展而得到拓展和丰富，全球网络空间秩序的安全与稳定日益成为影响国家安全与发展的关键因素。作为国家主权的重要组成部分，坚持尊重网络空间国家主权的基本原则十分重要。

迄今，网络发展中国家和网络发达国家在网络空间主权问题上仍然存在着比较大的分歧。网络发达国家凭借着技术和资源的优势，主张网络空间属于全球公域并适用现有国际法，应由多利益攸关方共同治理，排斥国家对网络空间的管辖，不认同网络空间国

家主权的概念。美国不愿使用网络主权的概念来进行全球网络空间治理，这是因为美国自身的技术能力足以自保，不存在对美国网络主权的实质性威胁，实则是美国不希望其他国家运用网络主权这种观念武器来构建阻挡美国网络霸权扩张的壁垒。美国推行多利益攸关方模式，是因为在这样的模式下，即使美国政府放弃了对互联网名称与数字地址分配机构的“监督”，仍然可以凭借美国企业的优势确保自己在任何新组建的多利益攸关方机构中占据压倒性优势，而美国企业总是要受美国政府管辖的，这是一种更加间接和隐蔽的方式，以更低的成本有效地实现美国国家网络安全战略。①

美国的这一主张遭到了广大发展中国家的反对，特别是在2013年“斯诺登事件”之后，网络空间与国家主权之间关系的争论更加激烈。以俄罗斯和中国为代表的发展中国家强调国家对网络空间的管控，2016年中俄发表《关于协作推进信息网络空间发展的联合声明》确认了网络空间国家主权的概念。网络空间主权也成为我国总体国家安全观和主权观的重要内容，并写入了2015年7月实施的《中华人民共和国国家安全法》。② 习近平主席提出的推动全球互联网治理体系变革的“四项原则”中，也将“尊重网络主权”作为“四项原则”的首要原则，作为中国处理网络空间事务的重要基本原则。习近平主席强调“我们应该尊重各国自主选择网络发展道路、网络管理模式、互联网公共政策和平等参与国际网络空间治理的权利”。

（四）加强法治建设，构建良好秩序

规则与秩序是保障网络持续安全、维护网络正常运行、推进网络共同治理的制度保障，也是构建网络空间命运共同体的制度条

---

① 沈逸．后斯诺登时代的全球网络空间治理[J]．世界经济与政治，2014(5)：144-155，160.

② 左文君．从全球治理看国际网络空间安全治理的实践难题及法治困境[J]．南都学坛(南阳师范学院人文社会科学学报)，2019(5)：81-87.

件。随着越来越多的国家接受并且认同“网络空间需要主权国家加强监管和治理”这一主张，法律作为社会治理的基本方式，网络空间“法治化”的特征也愈发凸显。网络空间治理出现了“国家归来”，政府成为其重要的治理主体，从而网络空间也深受以国家为核心的国际关系的影响。例如，国家主权及管辖权在网络空间中的边界问题，这些问题涉及整个国际社会的公共利益和各国的权利义务，国内法治无法妥善解决此类全球性的问题，必须通过各国共同制定和遵循的国际法规则来解决。

网络空间不是“法外之地”，网络空间与现实社会一样需要秩序来保障自由，人们在享受网络带来便利的同时也需要承担维护网络空间环境的义务。在虚拟网络空间环境中享有极大自由的同时也要保持良好秩序，加强网络法律和道德建设，加强网络管理，营造风清气正的网络环境。我们既要保障网民交流思想、表达意愿的权利，也要依法构建良好的网络空间秩序，这有利于更好地保护广大网民的合法权益。网络空间的制度很重要，但制度必须具有协商民主的性质，必须以保障全球协商民主为己任。具有协商民主性质的制度能够保证各国平等地参与互联网治理，协商讨论和辩论彼此关切的问题，共同致力于解决信息差距或信息鸿沟的问题，甚至也能够不断修正制度、不断完善制度，其应成为保障网络空间协商民主的法律条件。①

构建网络空间的良好秩序，必须依靠法律来制定基本规则。尽管网络空间是开放的，但是网络行为主体，包括国家、组织、个人都必须遵守相关法律。依靠法律的强制、规范、引导和评价，有助于更好地维护网络空间的基本秩序。国际网络空间良好秩序的形成，需要充分尊重各国网络主权，综合考虑网络产品用途、安全等

① 付政，苏向荣.习近平网络空间命运共同体理念的三重维度探析[J].理论导刊，2020(1)：10-15.

级、客户群体、技术应用和法律的社会成本。[①] 构建网络空间命运共同体，就是要人们更加注重合作与互助，把网络空间打造成一个更加平等、开放、包容的人类生存空间，使之真正满足人们对美好生活的需要，从而造福全人类。

① 王春晖.互联网治理四项原则基于国际法理应成全球准则——“领网权”是国家主权在网络空间的继承与延伸[J].南京邮电大学学报(自然科学版)，2016(1)：8-15.

参考文献

[1] 文森特·帕里罗,约翰·史汀森,阿黛思·汀森.当代社会问题[M].4版.周兵,等译.北京:华夏出版社,2002.

[2] 杰克·道格拉斯,弗兰西斯·瓦克斯勒.越轨社会学概论[M].张宁,朱欣民,译.石家庄:河北人民出版社,1987.

[3] 西奥多·罗斯扎克.信息崇拜:计算机神话与真正的思维艺术[M].苗华健,陈体仁,译.北京:中国对外翻译出版公司,1994.

[4] 斐迪南·滕尼斯.共同体与社会:纯粹社会学的基本概念[M1.林荣远,译.北京:商务印书馆,1999.

[5] 渠敬东.缺席与断裂——有关失范的社会学研究[M].上海:上海人民出版社,1999.

[6] 李一.网络行为失范[M].北京:社会科学文献出版社,2007.

[7] 李一.网络行为失范的生成机制与应对策略[J].浙江社会科学,2007(3):97-102,132.

[8] 李一.网络行为失范及其判定标准[J].广西社会科学,2007(8):162-165.

[9] 姜方炳."网络暴力":概念、根源及其应对——基于风险社会的分析视角[J].浙江学刊,2011(6):181-187.

[10] 李亚诗.从"网络暴力"看我国隐私权的民法保护[J].中国

商界,2009(11):315-317.
[11] 范灵俊,周文清,洪学海.我国网络空间治理的挑战及对策[J].电子政务,2017(3):26-31.
[12] 万乐乐.关于人工智能应对社会工程网络攻击的探究[J].电脑迷,2018(22):240.
[13] 谢国强.浅析网络黑客攻击的常用手段及防范[J].信息技术与信息化,2018(5):129-130.
[14] 习近平在第二届世界互联网大会开幕式上的讲话(摘要)[J].共产党员(河北),2016(3):4-5.
[15] 周洪波.网络反恐的策略与途径[J].中国检察官,2017(5):25-29.
[16] 郝文江.网络恐怖主义分析与对策研究[J].警察技术,2009(3):39-42.
[17] 余硕,刘旭.网络恐怖主义新动向及其治理分析[J].情报杂志,2018(2):37-44.
[18] 郎平.网络恐怖主义的界定、解读与应对[J].信息安全研究,2016(10):882-887.
[19] 千省利,邵梦.网络恐怖主义法律问题研究[J].信息网络安全,2008(2):34-36.
[20] 中共中央马克思恩格斯列宁斯大林著作编译局.马克思恩格斯文集:第1卷[M].北京:人民出版社,2009.
[21] 马克思,恩格斯.共产党宣言[M].北京:人民出版社,2014.
[22] 中共中央马克思恩格斯列宁斯大林著作编译局.马克思恩格斯全集:第1卷[M].北京:人民出版社,1956.
[23] 赵頔,刘同舫.人类命运共同体:全球化发展的公正逻辑[J].华南师范大学学报(社会科学版),2019(3):46-51.
[24] 李传军,立怀阳.网络空间全球治理问题刍议[J].电子政务,2017(8):24-31.
[25] 陈玲.人类命运共同体思想视域下网络空间治理研究[J].

学理论,2020(1):4-6.
[26] 毕书瑞.浅谈中美网络治理模式之争[J].广东蚕业,2018(3):133-134.
[27] 孟献丽,网络资本主义批判与当代中国网络空间治理[J].探索,2018(6):178-184.
[28] 王高阳.基于主权的网络空间全球治理:"中国方案"及其实践[J].当代世界与社会主义,2018(5):182-190.
[29] 左文君.从全球治理看国际网络空间安全治理的实践难题及法治困境[J].南都学坛,2019(5):81-87.
[30] 付政,苏向荣.习近平网络空间命运共同体理念的三重维度探析[J].理论导刊,2020(1):10-15.
[31] 王春晖.互联网治理四项原则基于国际法理应成全球准则——"领网权"是国家主权在网络空间的继承与延伸[J].南京邮电大学学报(自然科学版),2016(1):8-15.
[32] 沈逸.后斯诺登时代的全球网络空间治理[J].世界经济与政治,2014(5):144-155,160.
[33] Sweet C. Tallinn Manual on the International Law Applicable to Cyber Warfare[J]. Europe-Asia Studies, 2014(4):669-670.
[34] 赵晨:网络空间已成国际反恐新阵地[EB/OL].[2024-05-23]. https://epaper.gmw.cn/gmrb/html/2017-06/14/nw.D110000gmrb_20170614_1-14.htm.
[35] 2018全球数字报告:互联网用户数突破40亿元大关[EB/OL].[2024-03-26]. https://www.cechoice.com/article/29496.html.
[36] 全球互联网发展的中国解读[EB/OL].[2024-04-19]. https://baijiahao.baidu.com/s?id=1585936495042543546&wfr=spider&for=pc.
[37] 支振锋.网络空间命运共同体的全球共识与中国智慧[EB/

OL]. [2024-06-08]. https://m. gmw. cn/baijia/2019-10/25/33263100. html.
[38] 从乌镇再出发携手共建网络空间命运共同体——写在第五届世界互联网大会开幕之际[EB/OL]. [2024-03-26]. https://www. cac. gov. cn/2018-11/07/c_1123676206. htm.
[39] 张建军. 构建网络空间命运共同体,应对全球互联网发展新挑战[EB/OL]. [204-04-17]. https://www. cac. gov. cn/2019-10/22/c 1573276511708845. htm.

后记

在信息技术日新月异的今天，网络已成为连接世界的桥梁与纽带，网络空间日益成为人类生产生活的重要场域，被称为人类活动的“第五空间”，其重要性不言而喻。然而，这一新兴领域的复杂性和快速变化，也给人类社会带来了前所未有的挑战。为有效应对这些变化，国际社会需要携手并进、相互合作，共同治理网络空间，将其打造成为人类命运共同体。本书正是在这样的背景下，尝试着对网络空间国际治理的诸多议题进行初步探索与分析。

在撰写本书的过程中，我们始终保持着敬畏之心，深知自身在网络空间国际治理这一广阔领域中的渺小与不足。因此，我们尽可能地吸收国内外相关领域的最新研究成果，借鉴众多专家学者的智慧与见解，以期能够为读者提供一个相对全面的分析视角。

然而，我们也清楚地认识到，本书所呈现的内容仅仅是对网络空间国际治理问题的一次初步尝试，其中必然存在诸多不足之处。无论是理论框架的构建，还是现实困境的分析，抑或是未来趋势的展望，都仍有较大提升空间。在理论分析方面，我们尽量做到条理清晰、逻辑严密，但深知自身对于某些深层次问题的理解可能还不够透彻。在现实困境探讨方面，我们力求全面客观，但受限于篇幅和资料，可能未能涵盖所有重要的方面。在未来趋势展望方面，我们力求融入最新研究观点，但可能无意识地疏漏了对未来趋势某些方面的真正预判。

因此,我们衷心希望读者能够带着批判性的思维去阅读本书,对书中的观点进行独立的思考和判断。同时,我们也非常期待能够收到读者的宝贵意见和建议,这将是我们今后不断完善本书的动力源泉。

最后,我们要向所有在本书撰写过程中给予支持和帮助的人表达最深的感谢。感谢博士生邓韵琪、赵迪、申适等团队成员,他们为本书的资料收集和研究工作付出了巨大心血。感谢华中科技大学国家治理研究院欧阳康教授,他将本书纳入“新时代国家治理现代化研究丛书”,组织多次研讨完善本书研究工作并提供了宝贵建议。感谢华中科技大学出版社的周晓方、杨玲、陈孜等老师,她们的敬业精神和专业能力使我们圆满完成了这项艰巨的任务。同时,我们也要向所有在网络空间国际治理领域辛勤耕耘且作出卓越贡献的专家学者致以崇高的敬意,他们的成果为我们提供了重要的参考和借鉴。

本书的出版仅仅是我们探索这一领域的一个起点。未来,我们将继续努力学习和研究,不断提升自身的专业素养和理论水平,为网络空间国际治理研究工作贡献力量。

作者

2024 年 10 月 20 日